生态与环境

何清 编

河北出版传媒集团
河北科学技术出版社

图书在版编目（CIP）数据

生态与环境 / 何清编．—石家庄：河北科学技术出版社，2012.10（2017.11 重印）

ISBN 978-7-5375-5502-9

Ⅰ．①生… Ⅱ．①何… Ⅲ．①生态环境 - 普及读物 Ⅳ．① X171.1-49

中国版本图书馆 CIP 数据核字（2012）第 244077 号

生态与环境

何清 编

出版发行：	河北出版传媒集团　河北科学技术出版社
地　　址：	石家庄市友谊北大街 330 号（邮编：050061）
印　　刷：	泰安市恒彩印务有限公司
开　　本：	700mm×1000mm　1/16
印　　张：	12
字　　数：	120 000
版　　次：	2013 年 1 月第 1 版
印　　次：	2017 年 11 月第 3 次
定　　价：	23.80 元

如发现印、装质量问题，影响阅读，请与印刷厂联系调换。
厂址：泰安市泰山区徐家楼办事处万家庄村
电话：0538-8285877　　邮编：271000

目 录 CONTENTS

生 态

1. 动物为什么要休眠 …………………………………… 3
2. 沙漠中有哪些生命 …………………………………… 12
3. 生物之间为什么要斗争 ……………………………… 17
4. 生物之间能"和平共处"吗 ………………………… 25
5. 有哪些损人利己的"寄生"物 ……………………… 31
6. 仙人掌的刺有什么用 ………………………………… 39
7. 生物为什么要伪装 …………………………………… 42
8. 雷鸟为什么濒临灭绝 ………………………………… 48
9. 旅鼠为什么要跳海 …………………………………… 53
10. 生物也会"造反"吗 ………………………………… 56

11. 酸雨、"温室"效应、臭氧层破坏有什么危害 …………… 63

12. 生物链是怎么回事 ……………………………………… 70

13. 适者生存是怎么回事 …………………………………… 78

环　境

1. 环境是怎样分类的 ……………………………………… 85

2. 什么是可持续发展 ……………………………………… 90

3. 你知道多少世界环境纪念日 …………………………… 93

4. 什么叫环境问题 ………………………………………… 97

5. 什么是环境保护 ………………………………………… 101

6. 什么是大气污染 ………………………………………… 103

7. 著名的大气污染事件有哪些 …………………………… 108

8. 臭氧洞是怎么一回事 …………………………………… 119

9. 怎样治理大气污染 ……………………………………… 125

10. 什么是水污染 ………………………………………… 127

11. 怎样防治水污染 ……………………………………… 133

12. 什么是土壤污染 ……………………………………… 137

13. 怎样防治土壤污染 …………………………………… 140

14. 什么是白色污染 ……………………………………… 144

15. 怎样防治白色污染 …………………………………… 149

目录

16. 什么是噪声污染 …………………………………… 152

17. 怎样防治噪声污染 ………………………………… 156

18. 什么是光污染 ……………………………………… 160

19. 怎样防治光污染 …………………………………… 164

20. 室内装修也有污染吗 ……………………………… 167

21. 空调会污染环境吗 ………………………………… 170

22. 复印机有什么污染 ………………………………… 173

23. 垃圾问题有多严重 ………………………………… 176

24. 森林对环境的贡献有多大 ………………………… 180

生态

Sheng tai

生态

1. 动物为什么要休眠

许多动物在一定的环境条件下，便会进入休眠状态，这是它们对不利的环境条件产生的一种特殊反应。动物休眠时不进食、不活动，陷入昏睡状态，呼吸微弱，体温下降。在冬季到来时，有些动物新陈代谢降低，于是进入冬眠，以度过寒冷的冬天。如爬行类的蛇、两栖类的青蛙等动物，在严冬到来之前，都会躲在洞穴中、岩石下或泥潭里进行冬眠。许多鱼类，像鲤鱼，由于环境温度太低、食物短缺、氧气不足，也会出现类似冬眠的过冬现象。此外，哺乳动物中的蝙蝠、鸟类中的蜂鸟也都会进行冬眠。

到了冬天，蛇会冬眠

为什么会发生冬眠现象呢？对这个问题，到目前为止，人们的解释还不太一致。有的科学家认为主要是环境温度起作用，由于动物体内所产生的热量不足以适应环境温度的改变，血液

就会逐渐变冷。动物体温降低，就会开始进入冬眠。有人对青蛙冬眠做过试验，确认外界环境温度的降低，是引起冬眠的一个重要原因。另外有人主张，因为缺乏食物，造成饥饿，或者由于环境和体内水分的损失，水分代谢失去平衡，而引起动物的冬眠。无论何种解释，冬眠都是动物对外界环境的一种适应。

除了冬眠外，还有一些动物由于高温、干燥、食物短缺而引起夏眠，如草原龟、黄鼠、美洲鼠、鲸鱼等。

不仅动物有休眠，植物同样也有休眠的习性。秋天，落叶植物把叶子落尽，大幅度降低新陈代谢，进行冬眠，如温带的杨树、柳树等。到了秋天，树的根茎枝条已经储满了养料，而叶子的生理功能已显著衰退；由于气温的逐渐下降，根的吸收作用也不像先前那样旺盛，因此影响了叶子的继续活动，而进入停滞状态。另一方面，由于秋天空气干燥，叶子的蒸腾作用依然十分旺盛。因此，为了迎接更"差"的环境季节——冬季的到来，树木便落尽树叶，以避免水分的大量散失，度过冬季。

休眠并不是动物适应温度条件的唯一方式。南极大陆是地球上最冷的地方，最低温度达到了 $-88.3℃$，年平均温度为 $-25℃$，但这里依然生活着众多生物，已知的生物有400种地衣、75种苔藓、4种开花植物和70余种动物，它们以各自特有的形式来适应这里的环境。

生活在南极的鱼，经过长期的演化，它们体内能够合成一种不同寻常的生物化学物质——抗冻蛋白。由于有这种抗冻蛋

白的存在，使南极的鱼能以独特的方式降低体内血液的冰点。通常的鱼没有这种蛋白，在 –1℃时就会冻结死亡。南极的鱼具有了这种抗冻蛋白，鱼血的冰点

生活在南极的鱼抗冻

便会降到 –2.1℃，南极海水一般为 –1.8℃，这样鱼血的冰点就低于了南极海水的温度，所以能在南极海域里生活。

许多人都知道一些动物有冬眠的习性，下面介绍几种有冬眠习性的动物。

四眼斑水龟 体型适中。头顶皮肤光滑无鳞，上喙不呈钩状，头后侧各有2对眼斑，每个眼斑中有一黑点，颈部有条纵纹。其背甲棕色且具花纹，后缘不呈锯齿状或略呈锯齿状。腹甲淡黄色，每块盾片均有黑色大小斑点，背甲与腹甲间接骨缝相连。指、趾间具蹼。

四眼斑水龟性情胆小。一般喜栖于水底黑暗处，如石块下、拐角处。连续多次将鼻孔露出水面呼吸后，静伏于水底可达15～20分钟。每年4～5月初，水温15℃时少量活动，18℃左右时可见在水中游动。6～9月间随温度的上升，龟活动范围增大，中午喜趴在岸边伸展四肢晒甲。10月霜降后陆续进入冬眠。11月水温13℃时龟进入冬眠，对触摸、振动、刺激反应

迟钝。翌年1月水温10℃以下时龟进入深度冬眠，无排泄现象。冬眠时龟头缩入壳内，四肢、尾部均不缩入壳内，趴在池的深水处或岸边石缝、草堆下。到翌年4月中旬、温度回升到18℃时开始逐渐苏醒，时常睁眼，微爬动，少数龟略有进食。

鸭嘴兽 凡见过鸭嘴兽的人都说它长得实在太怪异了。当初英国移民进入澳大利亚发现鸭嘴兽时，惊呼其为"不可思议的动物"。鸭嘴兽长约40厘米，全身裹着柔软褐色的浓密短毛，脑颅与针鼹相比，较小，大脑呈半球状，光滑无回。四肢很短，五趾具钩爪，趾间有薄膜似的蹼，酷似鸭足，在行走或挖掘时，蹼反方向褶于掌部。吻部扁平，形似鸭嘴，嘴内有宽的角质牙龈，但没有牙齿，尾大而扁平，占体长的1/4，在水里游泳时起着舵的作用。

鸭嘴兽

雄性鸭嘴兽后足有刺，内存毒汁，喷出可伤人，几乎与蛇毒相近，人若受刺伤中毒，即引起剧痛，以致数月才能恢复。这是它的"护身符"。鸭嘴兽为水陆两栖动物，平时喜穴居水畔，在水中时眼、耳、鼻均紧闭，仅凭知觉用扁软的"鸭嘴"觅食贝类。其食量很大，每天所消耗食物与自身体重相等。

鸭嘴兽母体虽然也分泌乳汁哺育幼仔成长，但却不是胎生

而是卵生。即由母体产卵，像鸟类一样靠母体的温度孵化。母体没有乳房和乳头，在腹部两侧分泌乳汁，幼仔就伏在母兽腹部上舔食。

幼体有齿，但成体牙床无齿，而由能不断生长的角质板所代替，板的前方咬合面形成许多隆起的横脊，用以压碎贝类、螺类等软体动物的贝壳，或剁碎其他食物，后方角质板呈平面状，与板相对的扁平小舌有辅助的"咀嚼"作用。

鸭嘴兽在水中追逐交尾，卵似乌龟蛋状。小鸭嘴兽孵化出生后，靠母乳喂养4个月方能自己外出觅食。鸭嘴兽的生物钟是颠倒的，它们惯于白天睡觉，夜晚活动。

鸭嘴兽能潜泳，常把窝建造在沼泽或河流的岸边，洞口开在水下，包括山涧、死水或污浊的河流、湖泊和池塘。它在岸上挖洞作为隐蔽所，洞穴与毗连的水域相通。它是水底觅食者，取食时潜入水底，每次大约有1分钟潜水期，用嘴探索泥里的贝类、蠕虫及甲壳类小动物以及昆虫幼虫和其他多种动物性食物和一些植物。鸭嘴兽分布在澳大利亚南部及塔斯马尼亚岛，是现存最原始的哺乳动物，是形成高等哺乳动物的进化环节，在动物进化上有很大的科学研究价值。

冬季不活动或冬眠。雌兽挖相当于16米长的洞穴，将卵产于用湿水草筑成的巢内，每次产1卵，有时3卵。卵比麻雀卵还小，彼此粘在一起。孵卵期洞口堵塞，孵出的幼兽发育很不完全，鸭嘴兽既无育儿袋也无乳头，成熟的乳腺直接开口于腹

部乳腺区。幼兽用能伸缩的舌头服食乳区的乳汁，哺乳期大约5个月。

鸭嘴兽在学术上有重要意义，历经亿万年，既未灭绝，也无多少进化，始终在"过渡阶段"徘徊，真是奇特又奥妙，充满了神秘感。这种全世界唯有澳大利亚独产的动物，但因追求标本和珍贵毛皮，多年滥捕而使种群严重衰落，曾一度面临绝灭的危险。由于其特殊性和稀少，已列为国际保护动物。澳大利亚政府已制定保护法规。

旱獭 又名士拨鼠、草地獭，属哺乳纲，松鼠科，旱獭属，又叫哈拉、雪猪、曲娃(藏语)。是松鼠科中体型最大的一种，是陆生和穴居的草食性、冬眠性野生动物。我国有四种旱獭：蒙古旱獭、长尾旱獭、喜马拉雅旱獭和阿尔泰旱獭。

旱獭

体形肥大，体长50厘米，颈部粗短，耳壳短小。四肢短粗，尾短而扁平。体背棕黄色，山麓平原和山地阳坡下缘为其高密度集聚区，过家族生活，个体接触密切。洞穴有主洞(越冬)、副洞(夏用)、避敌洞。主洞构造复杂，深而多口。有冬眠性，出蛰后昼间活动。

生态

　　以禾本科、莎草科及豆科根、茎、叶为食,亦食小动物。出蛰后交配,年产1胎,每胎产2～9只,3岁性成熟。喜马拉雅旱獭为青藏高原特有种,其省内除海西州均有分布。毛皮质好,肉细嫩鲜美,肉、油、骨、肝、胆均可入药。旱獭体短身粗,长37～63厘米。无颈,尾、耳皆短,耳壳黑色。头骨粗壮,上唇为豁唇,上下各有一对门齿露于唇外,两眼为圆形,眶间部宽而低平,眶上突发达,骨脊高起,身体各部肌腱发达有力。体毛短而粗,毛色因地区、季节和年龄变异。背毛多为棕、黄、灰色。母獭有6～7对乳头。

　　旱獭栖息于平原、山地的各种草原和高山草甸。集群穴居,挖掘能力甚强,洞道深而复杂,多挖在岩石坡和沟谷灌丛下。从洞中推出的大量沙石堆在洞口附近,形成旱獭丘。白天活动,食量大,每日啃食大量优良牧草,耐饥饿,不饮水,喜食含水量大的多汁饲料。爱吃雨后草及露水草。喜群居,易驯化,不伤人,不耐热,怕暴晒,抗病力强。当气温长时间低于10℃以下时,就自然冬眠,时间可长达3～6个月,当气温转暖后自然苏醒。旱獭的寿命可长达15～20年,繁殖年限为10～15年。公母比例以1∶10为宜。春季是旱獭配种的季节。一般年产1～2胎,雌獭怀孕期为30天左右,有的达40天产仔。每胎产仔6～8只,多者达12只以上。

　　刺猬、鼩鼱　本目动物主要以虫类为食,故称食虫目。除澳大利亚、南美洲的中南部及南极、北极外,其他地区均有分布。

生态与环境

如营地上生活的刺猬、鼩鼱；地下掘土生活的鼹鼠；水陆两栖生活的水鼩鼱；树上生活的树鼩等，均为本目代表动物。

刺猬，体表披满硬刺，当遇刺激时能将身体蜷缩成球状。吻尖、眼小、耳小、脚矮、尾短。有利爪适于掘土。栖息于山林、草丛中。夜行性。食物以昆虫为主，也吃小鼠、鸟卵、小蛇等。有冬眠习性，入眠前贮存大量皮下脂肪。

刺猬

麝鼹，俗名鼹鼠、地排子。终生地下穴居。体粗短，密被不具毛向的绒毛。前肢短而强健，宽大的足掌向外翻转，趾端有长的利爪，适于掘土。食物包括蝼蛄等地下昆虫、蚯蚓及植物的根，其挖掘时常破坏植物的根系，对农作物有害。

非洲睡鼠 分布于非洲东部、东南部和南部有植被的多岩石地带。它的体长为 10～18 厘米，身体背部体毛为深灰色。腹面为白色。耳圆。脸部有白色斑。尾巴较长，尾端长着茸茸长毛。

非洲睡鼠集小群活动。夜行性。以植物果实、种子，以及昆虫等为食。它善于爬树，遇到敌害来袭，就迅速上树。它利用树洞或侵占鸟巢作窝，平时大多在暗处活动，掩护自己。非洲睡鼠尾巴上的皮肤松弛，容易脱掉。在它的栖息地内，有许多小型灵猫类或猫类动物，也身轻体健，善于爬树，如果发现非洲睡鼠，就立即上树，穷追不舍，非洲睡鼠一般很难逃脱。但是，如果它们咬住的只是非洲睡鼠的尾巴，非洲睡鼠就会使一个"金蝉脱壳"之计，将那层松弛的皮脱下，留在敌害的嘴里，自己赶快溜之大吉。这个绝招往往能使它们化险为夷。

非洲睡鼠以完全冬眠而得名。一般的啮齿类动物都会为过冬而储存粮食，但非洲睡鼠是能吃尽量地吃，从而为越冬储藏大量的脂肪。因此，进入冬眠的时期不因寒冷的程度，而以是否吃得饱满来决定。冬眠时，体温随着气温降低而下降，但体温到0℃左右时就不再下降，因此有适当的体温调节。心脏和呼吸机能几乎停止。冬眠时将下颌放在肚子上，把脚折到鼻头，尾巴卷在头上和身上，身体缩成一团，即使被推动都不会醒来。由于它冬眠得很深，因此在这段时间常受到天敌的侵害。

2. 沙漠中有哪些生命

任何生物都是一个含水的系统。水是生命的主要成分。在干旱缺水的环境里，许多生物为适应环境，演化发展了它们特有的生理结构和行为特性。

骆驼，被人们誉为"沙漠之舟"，它适应干旱的能力是众所周知的。曾经有两位科学家在撒哈拉沙漠的绿洲里，把骆驼拴在太阳下暴晒了8天，不给水喝，使它失重100千克（占体

双峰骆驼

重的22%）。这只骆驼腹部凹陷，肋条裸露，肌肉萎缩，但它仍然能够挺立在太阳下。后来给它喝水，身体很快就复原了。

为什么骆驼会有这种本领？过去有人认为，这是由于驼峰内有较多的脂肪，在缺水条件下，可以通过氧化的方法来自己"造水"；每氧化100克脂肪便产生110克代谢水。又有人认为，它的第一胃上有一水囊，可以多储藏水。其实这些说法都不正确。驼峰里有厚厚的脂肪，但它只是在供长途跋涉、饲料不足时使用。骆驼胃里也没有什么水囊。

单峰骆驼

现在，科学家有了确切的发现。培克尔教授通过一系列的实验，得出结论：骆驼血液内含有一种特殊的蛋白质，这种蛋白质对水有很强的亲和力，可以维持血液内所含的水分，使血液不致变稠，并能使血液循环畅通无阻，而不致伤害生命。

他把骆驼血浆内的蛋白质注射入兔子体内，然后再把它们放到40℃高温下，断水7天，结果这些兔子只损失了3%的水。而用以作为对照比较的未注射骆驼血浆蛋白的兔子，在相同条件下，失水量却达100%，濒临死亡。

另外，骆驼的毛层厚5.1厘米，多毛的外皮亦可以起到保温作用。据测定，在强日照的情况下，骆驼背部皮毛的表面温度

高达70～80℃，但毛皮下皮肤的温度只有40℃。如果将它的毛剪掉，不仅皮肤温度升高，而且骆驼体内水分蒸发的速率也随之增加50%。

骆驼经过长期的演化，获得了这些特性。即使连续17天不喝水，脱水达体重的27%，它仍然能奇迹般地在戈壁滩上行走。

相类似的现象不仅表现在动物身上，也出现在植物上。沙生植物，经过同风沙干旱的长期斗争，具有了种种奇特的适应性。被称为"沙漠英雄花"的仙人掌、仙人球，常具有在干旱季节休眠的特性，为了适应干旱沙漠生活条件，植物体呈多汁肉质，以贮藏水分；叶形成针状，以防水分大量蒸发。雨季来临时，它们迅速吸收水分重新生长，并开放出艳丽的花朵。它们的叶子变异成细长的刺或白毛，可以减弱强烈阳光对植株的危害，减少水分蒸发，同时还可以使湿气不断积聚凝成水珠，滴到地面被分布得很浅的根系所吸收；茎秆变得粗大肥厚，具有棱肋，体内水分多时能迅速膨大，干旱缺水时能够向内收缩，既保护了植株表皮，又有散热降温的作用。气孔晚上开放，白天关闭，减少水分散失。茎秆也是绿色，代替叶子进行光合作用，制造有机物。通常根系发达，具有

仙人掌

很强的吸水能力。

正是这些形态结构与生理上的特性，使仙人掌类植物具有惊人的抗旱能力。如南美洲的巨柱仙人掌，一株便能储存1吨多的水。同时它们的茎表面生长着厚厚的角质层，像打了蜡一样，使储存在体内的水分轻易不能蒸发掉。正是这种特殊的形态和功能，使仙人掌类植物能够忍受长期的干旱。沙漠中即使几个月不下雨，也渴不死它们。

有人做过实验，把一株75千克重的大仙人球移到室内，6年不浇水，它照样活着，仅是体重减轻了22千克。

热带稀树干草原是茂盛的禾本科植物的王国。一些个头矮小的乔木如相思树等，却以特殊的本领挤进了这个草原的王国，稀稀落落地点缀在草原上。

瓶树（又叫纺锤树）是些横粗的矮胖子：两头细，中间粗。它的胖是因为需要有那么一个膨大的空心"肚子"用来储水。通常一棵中间直径5米的瓶树能容2吨水。这里的草原终年炎热，没有春夏秋冬，只有雨季和旱季。雨水旺时，瓶树拼命吸收，把"肚子"装得满满的；旱季来临时脱掉一身树叶，再慢慢饮用。

瓶树

生态与环境

在非洲的热带沙漠中，生活着一种矮草。如果你把它拔起，随便扔到一个地方，任它在那里待上几个星期甚至几个月，当你再次看到它时，它早已成了一把枯黄的野草，死去一般。可当你把它放入水中时，就可以看到它的复苏，几个星期后，它甚至比你第一次见到它时美丽千倍。人们给它起了一个好听的名字——沙漠玫瑰。

沙漠玫瑰

另一类是沙拐枣、沙蓬等植物，适应干旱的本领是以其"短命"作为手段，只需少许降雨，它们便能匆匆发芽、开花、结果，3星期左右就能度过"一生"；它们以短暂的生命，向荒漠挑战。

另外一些，如三角杨柳，属落叶乔木，发育了强大的根系。在干旱地区，它们的根能伸入地下水位而利用地下水。有一种白刺，地上部分高不足半米，而根系却能深达3米以上。

3. 生物之间为什么要斗争

生存于某一地区的动植物为了争得自己的生存空间和食物,个体之间以及种群之间常常进行激烈的竞争。这就是生存竞争。生存竞争是自然界的普遍现象。无论是种内竞争,还是种间竞争,适者、优胜者便能生存;不适者、失败者便被淘汰,或被驱逐。

当同种的植株靠在一起生长时,它们之间的竞争立刻开始。它们的叶片很快相互遮阴。高处的叶片由于阳光充裕,能进行正常的光合作用;而阴处叶片的光合作用则受到很大的影响。它们之间的生长差异,在短短的两三天内就明显地表现出来。处于有利地位的植株根系发达,生长发育快;处于不利位置的植株则生长发育不良。这种竞争的结果,使强壮的个体成为优势种,其他发育缓慢的个体则开始衰弱。倘若条件太差,不足以维持生存时,这些发育缓慢的个体则开始死亡。

在森林中,这种竞争导致了同年龄的优势木和劣势木组成的混交林。在混交林中,一些树木高大结实,而另一些则矮小细弱。

生态与环境

植物一般来说并不像动物那样能够到处活动，但它们的争斗也并非如人们想象得那样平和。桃花向来被人们认为是多情妩媚的花朵，能够开出桃花的桃树大概一定是异常温柔的。然而并非如此，可爱的桃树会施放"化学武器"，毫不留情地排斥其他植株。它生长在某片土地上时，根部便分泌出一种叫扁桃苷的物质，从中能分解出苯甲醛，使土壤"中毒"。它自己安然无恙，其他植株却不易在这里扎根生长。

蔓生植物为了独得一块天地，先攀着树木往上爬，然后将树木杀死，起码也不让树木好好地活着。热带雨林中的棕榈藤就是这样一种植物，人们称它为"鬼索"。

蔓生植物

它的干很细，一般不超过5厘米。顶部长着一束叶子，叶子前面的茎梢又长又结实，上面长满硬刺，如同一条鞭子；只要碰着大树，就缠住树干往上伸。它爬到树顶以后，继续生长，由于没有什么可攀缘，越长越长的茎就往下坠，在大树周围绕上无数藤圈，妨碍大树生长发育。

有些植物不仅和植物发生争斗，而且和动物发生争斗，甚

至吞食动物。猪笼草是一种半木质的蔓生植物，长着色彩艳丽的捕虫袋。捕虫袋有的像小圆筒，有的像喇叭，都挑在叶片的尖端；袋口还有半开的小盖子，好像一把挡日遮雨的小伞。袋口的蜜腺发出阵阵芳香，诱骗虫子爬进小袋。但爬进去的小虫子就再也无天日可见了。小袋中分泌出一种叫消化酶的液体，将虫子淹没，最终把它"吃掉"，消化。

猪笼草

世界上类似的食虫植物有500多种，按科分有猪笼草科、瓶子草科、茅膏菜科和狸藻科。它们吃起小动物来，各有各的高招。

矮而丛生的茅膏菜，长得不起眼。它那半圆形的叶片边缘，生着密密的腺毛，能分泌出露珠般的黏液。馋嘴的虫子落下后，只要被一根腺毛粘住，其他腺毛便会一齐伸向虫子，把它紧紧地抓住，粘裹在里面。几天以后，茅膏菜的这个"俘虏"便消失了。当那片叶子的腺毛恢复原状时，小虫就只剩下一些残壳。

下小雨的时候，从紫云英的叶面流下水滴，然而流下的已不是天上的雨水，紫云英叶上的大量的硒被溶进了水滴里，周

生态与环境

紫云英

围的植物接触到有硒的水滴，就被毒害而死。这是紫云英为独占地盘而惯用的手法。

有一种名叫铃兰的花卉，若同丁香花放在一起，丁香花就会因经不住铃兰的"毒气"进攻而很快凋谢。要是玫瑰花与木樨草相遇，玫瑰花便拼命排斥木樨草。木樨草则在凋谢前放出一种特殊的化学物质，使玫瑰花中"气"而死，结果是同归于尽。

植物的斗争如此，动物之间的斗争就显得更直观、更残酷。你吃我，我吃它；争夺、劫掠、残杀……一连串的生存斗争令人惊心动魄。

一只斑斓彩蝶翩翩飞来，小心翼翼地落在一朵盛开的鲜花上。它正在津津有味地吸着花蜜，冷不防一只螳螂冲来，彩蝶很快就在螳螂的"绿色大刀"下丧生。螳螂正要品尝自己的战利品，岂不知一只蛤蟆已悄悄摸到它的背后。只见蛤蟆猛然吐射长舌，一下把螳螂卷入口中。蛤蟆没有来得及吞咽，早已伏在旁边的蛇猛然一窜，准确无误地咬住了蛤蟆。而盘旋在天空的鹰，早已盯上了它，它趁蛇由于猎食而疏于防范，一个猛子扎下来，用铁爪紧紧抓住了口噙蛤蟆的蛇。这是一幅典型的动物猎杀图景。

不同的动物间为了占有食物和空间，以各自独特的方式参与竞争。尖爪利牙，犹如刀枪，这是凶禽、猛兽的常规武器。为了捕食和御敌，这些动物的爪牙高度发达。狮虎豺豹的爪牙之利，是人所熟知的；鲨鱼和鲸的牙齿也令人望而生畏。但在南美洲亚马孙河里的锯齿鱼面前，就都相形见绌了。

个头不大的锯齿鱼凶猛无比，牙齿像铜锯一样锋利有力，有时钢制的鱼钩也会被它的利齿"锯断"。过河的人畜野兽，如果不幸遇到一群锯齿鱼，轻则丢趾断足，重则连骨带肉被它们吃个精光。

狼不仅犬齿发达，爪子锐利，而且四肢修长，擅长奔跑，一旦发现目标，就穷追不舍。狼群甚至会分工合作，前堵后追，围捕猎物，就连强大的驼鹿也常常遭到狼群的猎食。虎擅长打伏击，它们利用自身的斑纹作掩护，巧妙地隐身于林莽之中，当其他动物走近时，它就大吼一声，猛扑过去。由于它的动作快如闪电，吼声又像晴天霹雳，所以某些动物常常被吓得不知所措，还没清醒过来，已死于它的尖牙利爪之下。

许多动物的"化学武器"比尖牙利爪还要厉害。哥伦比亚有一种毒箭蛙，它的皮肤分泌物只要注入人体1毫克，就能置人死地。

在澳大利亚生长的一种环状章鱼，只有巴掌大小，褐色身

生态与环境

毒箭蛙

体上带着蓝色斑点，它一次喷射的毒液，足以毒杀7条人命，中毒者几分钟后便丧命。

胶状透明的伞形动物水母，在水面浮游时飘飘逸逸，显得温柔潇洒，可它体内藏毒，凶猛异常。在它们长发般下垂的触手上，长满特殊的刺细胞，一旦缠住猎物，刺细胞立即分泌毒汁，注入对方体内，待猎物麻痹后送入口中，慢慢消受。

青蛙、癞蛤蟆、避役等动物，会闪电般地吐射长舌，击取猎物，几乎百发百中，弹无虚发。癞蛤蟆捕食时，你就是瞪大眼睛一眨不眨地盯着，也看不清楚它怎样吐舌。它的速度太快了，从伸出舌头到卷回猎物，只有1/15秒。大个头的癞蛤蟆，舌头能射中10厘米外的目标。这还不算最远，石龙子能伸出舌头抓住30厘米外的小虫。

有一些动物非常机智，它们布下陷阱，专等牺牲品自投罗网。蜘蛛就是这样的动物。它在蚊虫出没的地方，织成一面面精制的网，蚊虫一旦触到网上，就难逃厄运。有一种大型蜘蛛，叫王蛛，大如手掌，两脚最大距离25厘米，它的网甚至可以抓住

小型飞鸟，供其享用。

动植物的战争就是如此惊心、残酷。而另外的一些战争则如隐形的战线，显得平静而安宁。寄生是生物间的一种特殊战争，一样的残酷，一样地你死我活。当一头雄狮被致命的病菌折磨得死去活来的时候；当一只猴子被十几种小寄生虫咬得又抓又搔，坐立不安时；当一种真菌侵入某种幼虫体内，最后把它吃得只剩下一具皮壳的时候，你就会充分认识到这一点。

猴子伸出五爪，在皮毛中仔细地搜寻，抓到一只虱子，就送到嘴里。有时候，两只猴子还会协同作战，互相帮忙。但虱子似乎太多，太隐蔽了，猴子只好打一场旷日持久的战争，活一天就要抓一天虱子。实际上，猴子身上的寄生虫不止一种，经常出现的就有螨虫、跳蚤、蛆、虱蝇等。如果看看猴子的体内，就会发现更多的寄生虫。细菌不必说了，单寄生的虫子，就不下千万，它们日夜不停地消耗着猴子的营养，成为猴子的另一劲敌。

有一种巨黄蜂，能用毒刺扎入袋蜘蛛的身体，然后注射毒液，使袋蜘蛛麻醉。被麻醉的袋蜘蛛既不能动，又死不了，这时巨黄蜂便把自己的卵产在被麻醉的袋蜘蛛体内。幼虫诞生后，就住在袋蜘蛛体内，不停地吃它的肉，直至吃光为止。

松毛虫是松林的大敌。群聚的松毛虫，可以在一两天之内把成片的松林吃得只剩下树枝。为了防治松毛虫，人们常把白

生态与环境

僵菌的孢子喷洒到松树上，受到孢子入侵的松毛虫很快得病，身上长出茸茸白毛，最后僵硬而死。原来白僵菌在成熟时能放出成千上万的小孢子，孢子沾虫萌发，便侵入虫体，靠松毛虫的体液生长，使松毛虫死亡。

毛毛虫

生物界进行的生存斗争看似残酷，但正是这种不停息的斗争，加上其他非生物环境因素的限制，才将各种生物控制在适当水平上，形成一个有利于生态平衡的网络。

生 态

4. 生物之间能"和平共处"吗

童话中，常有小动物间相互帮助的故事。实际上确有许多生物，它们相安无忧地生活在一起。或者大家互相合作，都得到好处；或者友好相处，一方得到好处，而对另一方也没有什么坏处。这种"和平共处"的关系，生态学上称为"共生关系"。

海葵像一朵艳丽的菊花，自己是很少移动的。然而它却经常骑着寄居蟹到处漫游，以得到更多的食物和丰富的氧气。背负海葵的寄居蟹虽然辛苦，但也得到许多好处。当它停下来时，海葵便成了它绝好的伪装。同时，海葵

海葵

的触手会分泌毒液，自然也成了寄居蟹有力的防御武器。

大鱼吃小鱼是人所共知的事实，然而有些情况下，一条大鱼向一群小鱼游来，显得十分温顺。它乖乖地张开鳃，让小鱼用尖尖的嘴吮吸着什么。几分钟后，大鱼摇摇尾巴，扭扭身体，然后乐悠悠地游走。紧接着，又是一条大鱼向小鱼游来。

生态与环境

原来这些小鱼是专门为大鱼服务的。它们有时候给大鱼清除鱼鳞、鱼鳃、鱼鳍上的死皮，有时候吃掉大鱼身上的细菌和微生物，有时候治疗大鱼的体表创伤。小鱼的这种服务同样是"有偿"的，大鱼身上的碎屑、细菌、附生藻类和外寄生虫，都是小鱼的可口食物。大鱼和小鱼互助互惠，两厢情愿。在大海里已经发现16科大约50种这类小鱼，它们常常充当"外科医生"的角色。

啄牛鸟堪称陆上动物的"外科医生"，它们体小轻巧、嘴尖锋利，常常悬立在有伤口的长颈鹿、斑马、犀牛、水牛等大型动物身上，从伤口中啄出寄生虫，并清除污血，剔去腐肉，使它们的伤口尽快愈合。而这些大型动物则成了啄牛鸟的生活基地——它们吃在那里，住在那里，而且求爱、交配也在那里进行。

当我们挖开蚂蚁洞穴，常会发现一群群的蚜虫。这些蚜虫原来是蚂蚁饲养的"奶牛"。蚜虫卵离开母体后，蚂蚁就把它们搬到洞内精心饲养，待孵化成虫后，蚂蚁就将其送到地面植物上去，让它们吸食嫩叶的汁液。如果遇到蚜虫的天敌，蚂蚁便会奋力搏斗，保护蚜虫。而蚜虫的消化道末端能分泌出一种牛

鹿头上的啄牛鸟

奶似的甜汁，既可口，又富有营养，是蚂蚁最爱吃的"奶汁"。只要蚂蚁用触角轻轻拂动蚜虫的身体，蚜虫就会很快立起来，分泌"乳汁"，翘起尾巴送到蚂蚁面前，供其使用。两者就这样互相利用，形成了奇妙的共生现象。

丝兰蛾和丝兰的共生更是令人惊叹。春天的傍晚，丝兰蛾像一个个白色的小天使，在丝兰花丛中上下起舞。吸引这些"小天使"的丝兰花，有着很黏的花粉。丝兰蛾落到花上后，用嘴和前腿吃力地采集花粉，把花粉团成比自己脑袋还大的小圆球；然后飞到另一朵花的雄蕊上，并把自己的卵产在雄蕊的子房里；接下来，爬到雌蕊顶端的柱头上，用脑袋使劲把花粉团拱入柱头开口，帮助丝兰完成授粉大业。如果没有丝兰蛾的传粉，那么黏的花粉是不会被风吹到雄蕊上的。当丝兰种子成熟后，产在花中的蛾卵也变成了幼虫，丝兰花种正好给它们预备下丰盛的食品。它们毫无愧色地食用，但并不全部吃掉。剩下的种子落在地上，照样长出新的丝兰。两者就这样共同迎接美妙的新生。

丝兰

无论何种共生，结果都能够互惠互利。共生的双方，在适应环境的过程中协同进化，繁衍生息。协同进化不仅出现在共生的生物间，寄生、捕食关系的生物间同样存在着协同进化。

植物和植食动物是矛盾的双方。植物是植食动物的食物，

它们以化学和物理的方式防御植食动物；但正是植食动物的进攻，锻炼了植物的防御本领，形成一种适应性。

1975年，一位科学家发现，野生姜有两种类型。一种是普通的类型，生长在植食动物非常少的地方。这种类型的野生姜往往分配更多的能量在它的生长和种子的生产上。但是，另一种类型的野生姜，生长在植食动物很多的地方，它们降低了生长速度，压缩种子的生产，把更多的能量注入一种有效的化学防御中去。

另一方面，植食动物则能采用多种形式来回避毒素。有些蚜虫只取食老死的叶子，以避开有毒的化合物。椿象等昆虫以非常精致的刺吸式口器，确保它们在寄主植物的有毒腺体或管道之间取食；这样，它们可以获得空间上的回避。有些动物则发展了对有毒物质的忍受机制。某些植食动物取食了植物的有毒产物，可以储存起来，或者呕吐出来。这样不仅自身不会中毒，而且可以防御别的捕食者。

动物的捕食是一种掠夺性行为，但对被食者种群却起着调节作用。

广阔的非洲土地上分布着许多珍稀的物种。毛里求斯有两种特有的生物，一种是渡渡鸟，另一种是大颅榄树。渡渡鸟虽然有翅膀，但早已在陆地行走生活中退化，不仅不能飞，而且行动迟缓，靠地面上的食物为生，身体硕大。大颅榄树是一种珍贵的树木，树干挺拔，木质坚硬，木纹很细，树冠秀美。渡渡鸟喜欢在大颅榄树的林中生活。

生态

16～17世纪时，欧洲人踏上毛里求斯的土地。身体硕壮，行动迟缓，肉肥味美的渡渡鸟很快便成为他们肆意捕食的对象。在来复枪的射杀和猎犬的追捕下，渡渡鸟自由自在生活的乐土再也不复存在了。渡渡鸟的数量急剧减少，到1681年，最后一只渡渡鸟被杀死。从此，地球上再也见不到那自由漫步在大颅榄树丛林下憨态可掬的渡渡鸟了。

渡渡鸟

奇怪的是，渡渡鸟灭绝以后，大颅榄树也日渐稀少，似乎患了不育症。到20世纪80年代，整个毛里求斯也只剩下13株大颅榄树。这种名贵的树眼看就要从地球上消失了。

1981年，美国生态学家坦普尔来到毛里求斯。这一年正好是渡渡鸟灭绝300周年，而这些幸存的大颅榄树的年龄正好也是300年。就是说，渡渡鸟灭绝之时，也正是大颅榄树绝育之日。一天，他找到了一只渡渡鸟的骨骸，伴有几颗大颅榄树的果实。他想，也许渡渡鸟与大颅榄树种子的发芽能力有关。现在渡渡鸟是没有了，但像渡渡鸟那样不会飞的大鸟还存在着的有吐绶鸡。于是，他让吐绶鸡吃下大颅榄树的果实。几天后，从吐绶鸡的排泄物中找到了大颅榄树的种子。这些种子外壳由于吐绶鸡嗉囊的研磨已不像原先那么坚厚了。坦普尔把这些经过吐绶鸡"处理"过的大颅榄树种子栽在苗圃里。不久，居然绽出了

绿油油的嫩芽。这不就是在地球上停止萌发了300年的大颅榄树的树苗吗？大颅榄树的不育症被治好了，这种宝贵的树木终于绝处逢生。

原来，渡渡鸟与大颅榄树相依为命，构成了巧妙的生态关系。鸟以果实为生，鸟又为树催生。它们一荣俱荣，一损俱损。杀灭了渡渡鸟，实际上也就扼杀了大颅榄树的生机。

生态

5. 有哪些损人利己的"寄生"物

人们常把靠剥削别人劳动成果，不劳而获，坐享其成的生活斥之为过寄生生活。在动物种间关系中，有一种损人利己的特殊形式，这就是寄生关系。这是指一种动物生活在它种动物身上，从中吸取营养而使它种动物受到损害的一种关系，前者叫寄生者，后者叫寄主或宿主。寄生现象普遍存在于动物之中。可以说在自然界中很难找到一种不被其他寄生者寄生的动物。寄生关系非但形式多样而且非常复杂。按寄生的部位可以分为体内寄生和体外寄生。如蛔虫寄生在寄主体内就是体内寄生；跳蚤、虱、蜱和螨等寄生在寄主体表就是体外寄生。一种寄主的体

蝙蝠的毛皮上寄生着多种动物

内或体外被一种寄生动物寄生的现象叫单寄生。

这种寄生事实上不多见,因为,在自然界一种动物常被多种寄生动物寄生共生。例如一只蝙蝠的毛皮上可以发现蜱、螨等多种体外寄生动物,在它体内的器官中同时也可发现线虫等多种体内寄生动物。更复杂的是复寄生或叫重寄生,如甲种昆虫可被乙种昆虫(一级寄生动物)所寄生,而乙种昆虫又可被丙种昆虫(二级寄生动物)所寄生,甚至可多达四五级。

人们习惯把寄生者叫寄生虫。其实寄生者并不一定限于昆虫。还有很多不是昆虫的动物,甚至高等脊椎动物也有过寄生生活的。

疟疾是一种全球性的疾病。20世纪50年代,当时全世界25亿人口中有半数以上人受到疟疾的威胁。法国内科医生拉弗兰从病人血液中鉴定出寄生物,指出该

蚊子

病是一种原生动物叫疟原虫寄生在人体红细胞和肝脏的实质细胞中所致。一位在印度的英国外科医生罗斯指出是按蚊传播这种疾病。我国最为常见的间日疟原虫的生活史中有两个寄主:一个是人,另一个是按蚊。感染疟原虫的雌蚊叮人时,疟原虫的子孢子随蚊子的唾液进入人体,在肝细胞和红细胞中进行无

性繁殖，分裂成很多裂殖子，一些裂殖子可继续侵入新的红细胞，不断循环裂体生殖，每一循环周期为48小时，所以病人每48小时出现一次发冷发热，俗称"打摆子"。最后有一些裂殖子形成配子母体。当雌蚊叮病人时，配子母体进入蚊体，在蚊胃中完成雌配子和雄配子的结合生成合子，完成有性繁殖，最后形成千万个子孢子。

扁形动物中具有吸盘的种类全部过寄生生活，如对人类危害很大的华枝睾吸虫。人被感染后，肝大，胆囊发炎，并可触发原发性肝癌。它有2个中间宿主和1个终末宿主。成虫寄生于人、猫和狗等的胆管内，进行有性繁殖，虫卵随粪便排出，被第一中间宿主沼螺吞食，在螺体中发育成尾蚴，离螺体入水，侵入第二中间宿主淡水鱼体，形成卵圆形的蚴。如果人吃了没有煮熟的带有蚴的生鱼，让蚴进入肝中，1个月后就发育成成体，其寿命可长达15～20年。

曾经威胁过我国江南水乡人民的日本血吸虫，也是一种扁形动物。儿童被寄生，不能正常发育，成为侏儒；成人则丧失劳动力，妇女不能生育，甚至丧失生命。它有1个中间宿主和1个终末宿主。成体寄生于人、牛、猫等肠系膜的静脉血管中，雌体在肠壁产卵，有的卵由肛门静脉入肛，有的卵随粪便排出，在水中孵化出毛蚴，进入中间宿主钉螺，发育成尾蚴，离开螺体在水中游动，经人的皮肤而入人体。

生态与环境

寄生动物更换寄主的现象是由于与寄生主们在进化过程中相互关系形成的，在系统发展过程中较早出现的种类就是最早的寄主，后来寄生动物的生活史才扩大到较后出现的类群中去。这样较早的寄主就成为中间宿主，而最后的寄主便成为终末寄主。此外，寄生生物大量的无性增殖是对寄生生活的一种适应，只有大量增殖才能使寄生生物繁衍，尤其是需要更换宿主的种类以使得到寄主的机会增加。否则，就会在进化的过程中被淘汰。

人疥螨是一种蛛形纲的小动物，寄生于人体皮肤内，形成疥疮。有些人患了酒糟鼻，影响了形象美，也是一种螨类寄生所造成的。蚤类把一些动物的疾病传播给人，造成难以想象的后果。由鼠疫杆菌引起的鼠疫一般先在鼠类中流行，由鼠类叮咬而传染给人。据史载，欧洲在古代和中世纪发生过12次由鼠疫形成的浩劫，最大的一次是14世纪鼠疫的流行，蔓延到世界上很多地方。在牛津大学当时每3位学生就有2个因此而死亡。使农村和城镇人口减少。结果从经济上的衰退导致政治和宗教上的混乱。以后虽然再也没有如此大的流行，但威胁尚存。在近代，1941年美国洛杉矶就发生过一次。1947年我国东北也发生过一次鼠疫，这是日本军国主义者于

七鳃鳗寄生在其他鱼类身上

1937～1945年的8年间，丧心病狂地在我国各地实施细菌战，导致鼠疫流行的结果，百姓遭殃，受害者达3万人。

七鳃鳗是一种圆口纲的水栖动物，它是现代脊椎动物中构造相当原始的类群。过暂时性的寄生生活，常用它的口吸盘吸在鱼体上，用角质齿和舌锉破皮肉，吸食血肉，给渔业造成很大危害。有一种深海鱼，雄鱼居然用口吸附在雌鱼身上，吸取养料，完全过寄生生活，在生物学上叫性寄生。许多种如杜鹃，以及黄莺科和指示鸟科的一些鸟类，自己不筑巢，而把卵产在别的鸟巢中，并由别的鸟代为孵育，在生物学上称为社会寄生，也叫巢寄生。

有些科学家认为寄生现象起源于共栖，以后发展成体外寄生，然后再进而形成体内寄生。

人们对动物寄生关系的研究主要着眼于两个方面：一是消灭和防治对人畜有害的寄生虫，如防治血吸虫病的关键措施是消灭血吸虫的中间宿主——钉螺和沼螺，使血吸虫不能完成其整个生活史。以及在感染区注意个人防护，不要让皮肤直接与可能有血吸虫尾蚴的水接触。防治疟疾最主要是消灭蚊子。防治人体蛔虫是饭前便后洗手，粪便不能随处乱倒。因为蛔虫的传染途径是虫卵经口而入人体的，生吃瓜果要去皮或用高锰酸钾等消毒液加以消毒。二是利用寄生关系进行生物防治有害的昆虫，如世界各国都采用赤眼蜂防治玉米螟、地老虎和棉铃等

害虫。因为赤眼蜂产卵于这些虫的卵中，整个发育过程都在被寄生的卵内完成，这样就可达到害虫危害之前就把它们消灭的目的。

在生物防治上特别注意重寄生现象，例如舞毒蛾的一级寄生蜂的幼虫有复寄生昆虫35种，其中还有三级寄生昆虫2种。如果用寄生蜂防治舞毒蛾，就要解决二级寄生物寄生在寄生蜂上的问题，可以利用三级寄生物来防治有害的二级寄生物。

寄生在其他树木的藤科植物

在种间斗争激烈的战场上，人们往往把目光集中在那些能够自由运动的动物之间。的确，它们有伶牙利爪者，有穷追不舍者，有疯狂掠夺者，还有略施小计者。但是，你不要以为那些表面无声无息，默默无闻，又不能自由运动的植物就那么宽宏大度，那么厚厚道道。它们虽然不动声色，却"钩心斗角"，为了争夺生活空间中的"寸金""寸土"，也在激烈、残酷地竞争着。

在热带雨林中，植物种类繁多。在这遮天蔽日的环境中，各种树木都力求往高处生长，以得到"生死攸关"的阳光。那些粗大的树木自不必说，就是那些纤细的植物也常常死死地缠住"别人"拼命地往上爬，有的则靠"吸食"其他树木的营养生活。

我国热带雨林中的一种榕属植物，就是以绞杀其他树木而站住"脚跟"进而争得阳光的树木。这种榕树的果实被鸟啄食后，没有消化的种子随粪便一起排出体外。由于鸟经常在树木上栖息，所以种子就常常被排在树杈上。种子落在哪棵树上，哪棵树就算是降临了一颗"灾星"。当榕树的种子在寄主树的枝杈间发芽后，幼苗可以长出两种根。一种根缠绕着寄主的枝条或树干，用以固定自己，另一种根像绳索一样悬于空中，这种根叫气生根。气生根不断地向地面生长。在它到达地面以前，这"无赖"只是靠附生在寄主树的根从树缝中获取少量水分和养料。但是，一旦它的气生根垂落到土壤，它养料供应的来源就大大增加，植株就迅速生长，直到寄主树干完全被它的气生根所包围，它的繁茂的树冠遮住了本该寄主得到的阳光。最为恶毒的是，它的根紧紧地捆裹住寄主，直到最后将寄主活活地勒死。我们看到的那高大的榕树，其实是骑在别人脖子上的"寄生虫"。那看似粗大的树干，实际上是它的气生根。这就是为什么大多数榕树都是"空心"的原因。

植物中靠卑劣残杀寄主而"洋洋自得"生活的种类很多。生活在热带的常绿乔木檀香树，生活在北方的小灌木槲寄生，都是靠着寄生树上吸取寄主的营养而生长的树木。

生态与环境

　　有些植物为了争夺自己的势力范围，还会分泌或释放一些有毒的化学物质，从而抑制其他植物的生长，以消除自己竞争的对手。如大麦田里杂草较少的原因是由于大麦的根能分泌大麦芽碱和芦竹碱，致使它的周围其他植物的生长受到抑制；铃兰是一种百合科多年生草本植物，它可以释放一种具有挥发性的萜类化合物，这种有毒的气体，可以使丁香"中毒"，很快凋萎死亡。

6. 仙人掌的刺有什么用

大自然是残酷的。各种生物为了生存，不仅要学会获得食物的本领，还要和它的天敌做斗争；不仅要和自己的"兄弟姐妹"团结一致抵御敌害，还常常为争取生存、繁衍的机会而"六亲不认"；不仅为逃避敌害而"乔装打扮"，还要学会"故作姿态"蒙混过关。总之，这一切的一切都是生物为"活"下去而进行的残酷斗争。

仙人掌的叶子变成了刺

然而，时时威胁着各种生物生存的不仅仅是生物因素，还有一种因素在不断地影响着各种生物，那就是非生物的环境因素。地球上并不是每天都是阳光明媚，和风细雨，温暖如春，有冰雪覆盖的极地世界，有干旱少雨的沙漠地带，有海拔入云的高原荒漠，有险象环生的热带雨林。残酷的大自然使生长在它怀抱中的各种生物非适应它而不能"活"下去，特别是植物由于本身不能运动而不得不"固守"在阵地上，从而形成了自

己特有的适应环境的本领。在这些植物中,要数沙漠植物仙人掌最具有代表性了。

提起仙人掌,你一定会想到那是一种绿色身体上生长着许多外刺的植物。如果你认为那绿色的部分是它的肥厚的叶子,那可就大错特错了。仙人掌绿色的身体是它的茎,它可以代替绿叶进行光合作用,制造养料,而原本应该制造养料的绿叶却退化为针刺,变得细长而坚硬。为什么仙人掌会长成这种奇特的形状?这还要从仙人掌的"老家"说起。仙人掌原产墨西哥沙漠地带,那里干旱少雨,一般的植物是很难在那里生存的。但仙人掌以它独特的身躯适应了那里的环境。

有人做过这样的实验:将一棵37.5千克重的球状仙人掌放在屋子里不浇水,过了6年,再称它的重量,只蒸腾了1.1千克水分。这是由于胖乎乎的掌状茎,蓄含了足够它生理活动的水分,而针刺状的叶,将蒸腾面积减少到最低程度。而且那又尖又硬的针刺可以有效地防止被沙漠里的动物吃掉。

仙人掌不仅从外部形态上形成了一副适应干旱的模样,而且在生理上也具备了干旱环境的生活本领:它的气孔,一反正常植物的生物钟,偏偏在不能进行光合作用的晚上开放。这是为了尽量减少水分的蒸

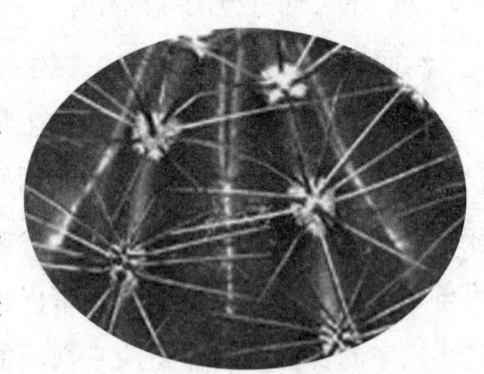

仙人掌的刺

腾，而利用夜晚使足够的二氧化碳进入体内，以便"关起门来"自己制造养料。

　　对环境的适应几乎是各种生物的本领。特别是恶劣的条件下生长的植物表现得最为典型。如非洲撒哈拉沙漠中的菊科植物齿子草，采取的是一种"速战速决"的生存方针，即充分利用沙漠地区仅有的短短的潮湿季节，迅速生长繁殖，然后死亡，其生长周期不过个把月。等到雨季过后，沙漠被骄阳烘烤之时，它已完成了自己的使命，留下自己的种子，以期第二年雨季的到来。松树是生长在北方严寒地带的常绿乔木，在严冬到来时，它为什么能抗严寒？这是因为它的针叶叶面有一层厚厚的蜡质，表皮角质化，气孔内陷很深，同时还有抗寒的松脂，这种结构是对严寒环境的适应。

7. 生物为什么要伪装

当植物高大，一般动物不能取食时，便进化出身躯高大的长颈鹿；为了逃避猛兽的追捕，鹿、斑马、兔子便有了惊人的奔跑速度。真正健壮的斑马，在草原上几乎不落入狮虎之口，狮子的逐猎，往往选择那些掉队者、体弱者。

生物从互相对立逐渐发展到协同进化。在捕食者和被捕食者的共同进化过程中，常常是有害的副作用逐步减弱，从而使双方相安无事地共存于同一个生态系统中，生长发育。

保护色，是动物的"常规"武器。住在森林、草原的动物，体色大多发绿；而在荒漠中生活的动物，却多为土褐色或土黄色。更奇的是许多动物可以变换体色，以躲避捕食者的追杀。

大家知道，斑马身上有黑色条纹（实际上，它是淡黄色的）。这种条纹分布在斑马的全身，从头到脚，甚至在尾巴上也有这种条纹。它不仅很好看、有趣，而且也很有用。

斑马的条纹有什么用呢？

人们普遍认为，这种条纹是一种隐身术。那就怪了，有这种条纹不是很显眼更容易被发现吗？是的，对于同类来说，这

生态

斑马

是一种颜色语言。斑马和其他动物混在一起吃草，黑白相间的条纹容易引起注意，一旦出现危险，例如狼和狮、虎出现，只要头马一动，所有斑马很快能够一起逃跑。也就是说，这种条纹对同类来说有引起注意的作用。

但是，它对于猎食者来说，能起隐身作用。科学家发现，眼睛对黑白两种颜色的感光程度有差异。正是由于有这种差异，再加上斑马奔跑的速度很快，捕食者很难迅速地测定它的距离。当捕食者测定距离时，它早就逃之夭夭了。因而这是斑马的一种隐身术。

科学家经过研究，对斑马条纹的作用又有了新的解释。科学家的实验结果表示，斑马的条纹是为了防止刺刺蝇的叮咬。刺刺蝇是双翅目昆虫。它常常叮咬羚羊等颜色单一的动物，并传播一种睡眠病。但是，斑马在同样的环境下则不被叮咬，得以安静地生活，也用不着不停地摇晃自己的头部和尾巴去驱赶蚊蝇。

动物学家在斑马生活的地方做实验，把小铁桶分别染成黑色、白色和黑白相间三种，然后在这些铁桶上通上电流，放在

灌木丛中，凡是落在小铁桶上的刺刺蝇统统全被电击而死。实验结果发现，染成黑白相间颜色的小铁桶上被杀死的刺刺蝇数量最少。

也许这都是真的，斑马的条纹既有防止蚊蝇叮咬的作用，又起隐身的作用。

这是动物在环境的压力下，为适应环境而产生的变化。这种变化使得它们有利于保护自己，有更多的存活机会。这是生物的适应性进化形成的一种生态平衡状态。

生物在生存竞争中不仅仅学会了用保护色来乔装打扮，而且还练就了各种各样的"模拟"环境的本领。

动物的拟态是另一种伪装，伪装者可以使自己的形体或行为方式混同于周围环境。有的动物伪装成树叶，有的则装成枯枝，以迷惑对手，保护自己。

生长在海底的扁平比目鱼就靠这种变色的把戏，避害保身。每当凶猛的大鱼游来，比目鱼便伏在海底不动。在大鱼眼里，比目鱼成了一块石头或别的什么。等大鱼失望地掉尾而走以后，海底的这位魔术大师抖擞几下，又慢慢地游动起来。

当你在小树林中玩耍，眼前飞过一只美丽的蝴蝶，你一定会情不自禁地挥手去扑它。然而，只见它忽地一闪不见了。明明看见它落在一株枯树枝上，可是只见枝条上几片摇曳的枯叶瑟瑟随风抖动。你可能气恼地摇摇那枯枝，几片枯叶随即飘落在地。你终于扫兴而去。但是那飘落的"枯叶"突然又展开美丽的翅膀飞去。原来，它就是你刚刚欲捉不着的蝴蝶。由于它

生态

能成功地模拟树叶的样子，所以人们叫它"枯叶蝶"。枯叶蝶的翅膀的正面颜色鲜艳美丽，而反面的颜色暗淡无光，就像一片枯萎的叶片，翅膀上的条纹又极像叶脉，当它静止在树枝上时，两翅合拢，酷似一片枯叶。即使就在敌害的眼前，也难辨别。

枯叶蝶

枯叶蝶这种模拟枯叶，混淆敌害视觉，以避免遭受敌害捕食的本领在生态学上称为"拟态"。这是某些动物在进化过程中形成的外表形态或色泽斑纹与其他生物或非生物环境异常相似的本领。

拟态在昆虫中最常见。南方竹林中生活着一种竹节虫，它不仅在颜色上，而且在组织细节上都极像竹节。竹节虫对它所栖息的竹节极为成功的拟态，可以在众目睽睽之下，使它的天敌视而不见。

伪装最为出色的要数"尺

癞蛤蟆

蠖",它是一种叫作尺蛾的蛾类幼虫。它栖息在树枝上一动不动,就像"钉"在那里一样,那样子简直就是树干上长出的一个树枝杈。以致使食虫鸟对它连看都不看一眼,从而得到了极大的安全。

某些鱼也有拟态的本领,有一种生活在美洲的鲈鱼,体形和颜色都极像飘落在河水上的腐叶。它生活在绿荫掩映下的河流中,当遇到敌害时,它就"装扮"成落入水中的腐叶,随那些枯枝败叶一起顺河水漂流,而保持身体一动不动,以此来逃脱捕杀者的目光。

不要以为"拟态"只是动物的"专利"。植物中也不乏乔装打扮者。生活在非洲沙漠地区的一种叫作生石花的植物,它没有明显的茎,两片肥厚的肉叶子对生,里面储藏了大量的汁液,能抵御沙漠的干旱。它的样子特别像静卧在沙漠中的一块石头。这种巧妙的伪装可以骗过动物的眼睛,以免遭被食的厄运。

动物使自己的颜色与环境一致,可以收到伪装的奇效;而有些动物恰恰相反,尽量使自己的颜色鲜艳夺目,以便捕食者一眼就能看到,给它们以警告。有一种癞蛤蟆,它的肚皮鲜红,皮肤能分泌恶臭。有些捕食者第一次捕到这种癞蛤蟆,就被它的恶臭熏得透不过气来,从此难忘,下次再见到它那鲜红的肚皮,就避而远之。癞蛤蟆也很懂得这一点,每遇到捕食者时,并不忙着逃命,只就地翻个身,四足朝天,亮出它那血红的肚皮,使捕食者望而却步。

瓢虫披着一件漂亮的外套,花色鲜艳,斑点鲜明。有人以

生态

为它爱美，实际上那一身艳妆也是一种警戒色。因为瓢虫的肉不太好吃，食虫动物对它都大倒胃口。它打扮得漂亮惹眼，是为了提醒捕食者不要吃它。

看来，在激烈的你死我活的竞争中，各种生物不练就一手防身的"绝招"，是难以生存下去的。

8. 雷鸟为什么濒临灭绝

雷鸟，是鸡家族中的一个成员，属于松鸡科。雷鸟肉质细嫩，味道鲜美，低脂肪，高蛋白，营养非常丰富；雷鸟羽披美丽，冬季羽色变白，浑身洁白如雪，仅眼有一道黑羽，羽绒柔软丰厚，商品价值很高。因此，雷鸟是一种经济价值很高的鸟类。

挪威盛产雷鸟，挪威政府为了保护和提高雷鸟的数量，在19世纪末期，组织全国动物学家和有关人士进行讨论和研究，大家认为应该给雷鸟创造最好的生活环境，冬季大雪覆盖地面，

雷鸟

生 态

增大了雷鸟觅食困难，因此在冬季应该给雷鸟人工投放饵料，帮助雷鸟过冬。

雷鸟的天敌不少，一些猛禽，如老鹰；野兽如狐、鼬等都捕食雷鸟，应该给予消灭。经过多次研究和讨论，最后制订了一个保护雷鸟的行动计划。挪威政府不惜投下大量财力、物力和人力实施计划，采用重金奖励捕杀雷鸟的天敌。计划实施后，开始几年，雷鸟的数量果然逐年增加，可是，好景不长，再过几年，雷鸟的数量不再增长，反而有所下降。

到了20世纪初期，雷鸟发生一次又一次的大量死亡，以致雷鸟的数量反而大大低于计划实施之前。挪威政府震惊了，赶紧召集全国动物学家和各方人士进行讨论和研究，找出雷鸟大批死亡的原因主要是球虫病和其他疾病在雷鸟中广泛流传。球虫病是一种原虫病，由某些球虫寄生在鸟类消化道及其附属器官的上皮细胞内引起，危害性极大，球虫卵随粪便排出，在体外完成其发育阶段，再传染给别的鸟。

那么，为什么这些传染病在保护行动计划实施之前没有大量发生，而在计划实施之后一次又一次地大发生呢？

科学家们不得不重新审议这个保护行动计划。在冬季人工投放饵料，帮助雷鸟解决觅食困难，使雷鸟在冬季不致挨饿，体质加强了，有利于抗病，这一措施无论如何也找不出错处。问题是出在消灭雷鸟的天敌上，在生态系统中，雷鸟和它的天敌鹰、狐等的关系是被捕者和捕食者之间的关系，对被捕食者

雷鸟来说是如何逃避捕食者的追杀，有病的雷鸟和健康的雷鸟相比，无论在行动的灵敏性或速度上都比不上健康的雷鸟。因此先被捕食者捕捉到的大多数是体质较弱的病雷鸟，这样鹰和狐等捕食者就起到了消灭病雷鸟，从而减少雷鸟传染病的病源的作用。也就是说所谓"清道夫"的作用。

人们把雷鸟的天敌消灭了，带病的雷鸟在病菌潜伏期间混杂在雷鸟群中，到处排粪，传播疾病，雷鸟疾病就会频频发生，数量又哪有不减少之理呢？这时，挪威政府才恍然大悟，消灭天敌是导致雷鸟传染病大发生的主要原因，干了一件蠢事，于是当机立断，马上修改计划，禁止捕杀雷鸟天敌，一改捕杀受奖为受罚，同时积极地招引一些老鹰、狐和鼬等雷鸟天敌。新的行动计划执行之后，经过数年，雷鸟的数量果然逐步上升，恢复正常。

同样的弄巧成拙的事例在其他国家也有发生。白尾鹿是一种美丽的具有很高经济价值的鹿类，美国盛产这种鹿。1905年以前美国亚利桑那草原的白尾鹿种群保持在4000头左右，1907年美国为了发展鹿群，也制订了保护行动计划，也为白尾鹿创造适宜的生活环境，并开始捕杀白尾鹿的天敌美洲狮和狼等。起初，白尾鹿数量上升，到1918年发展到4万头，这时，草原已开始呈现损耗过度的迹象，但并没有引起美国政府的注意，到1925年白尾鹿数量高达10万头，草原极度损耗了，大批的白尾鹿得不到足够的食物，体质衰弱了，抗病力也随之下降了，

生态

白尾鹿

繁殖率也开始下降。白尾鹿种群数量急剧下降，仅过两个冬季就减少了60%，以后又降低到1万头左右。幸亏美国政府发现问题的严重性，及时改变措施，停止捕杀美洲狮和狼等，白尾鹿的数量才免于继续下降。这也说明美洲狮和狼等捕食者对白尾鹿的种群中淘汰劣弱白尾鹿的确起着重要的调节作用。

科学家曾在一个孤岛上做试验，捕杀榛鸡的天敌，结果是榛鸡营巢期雏鸟的成活率提高了，但是，秋季的榛鸡种群密度并没有提高。也就是说，消灭捕食者，并不能增加榛鸡的数量。

由此可见，在自然界，捕食者和被捕食者的相互关系非常微妙。这种复杂的关系是在生态系统的长期进化过程中形成的，往往发展成相互依赖、彼此相对稳定的系统。捕食者对被捕食

者个体来说，确实是有害的，因为它被杀害了。但是，对于被捕食者的群体来说，就不一定是有害的了，因为捕食者起到"清道夫"以及调节被捕食者种群数量的作用，作为天敌的捕食者已成为被捕食者群体复壮的不可缺少的生存条件。

生 态

9. 旅鼠为什么要跳海

生态平衡是生态系统在一定时间内结构和功能上的稳定状态。这种平衡是通过生态系统自我调节来实现的。进入系统的物质和能量与输出系统的物质和能量，即使受到外来干扰，也能通过自我调节，恢复原来的稳定状态。一般来说，在风调雨顺的年份里，植物长势良好，供给草食动物的食物充足，草食动物的数量就增加，肉食植物的数量亦随之增加；反之，当气候恶劣时，植物长势不良，各种草食动物得不到充足的食物，数量就会下降，以其为食的肉食动物亦会随之减少。

旅鼠

在这个平衡的生态系统中，生物数量虽然会随着年份和季节波动，但是这种波动是有限度的，通常系统中的任何一个物种都不会轻易地灭绝，而是保存适宜的数量。

如在辽阔的草原上，有数不清的穴居鼠类，在土壤中钻营，

生态与环境

靠几乎是无穷的植物根、茎、叶、果充饥度日。但是如果它们毫无拘束地疯狂发展，不管草原怎样宽广，终究会有一天被它们吃尽。但人们不必担心，自然有一些鼠类的天敌——猫头鹰、蛇、狐狸、黄鼠狼等，把这些鼠类控制在一定的数量范围内，使草原免遭鼠类的破坏。

实际上，鼠类的数量是不断波动的，有时多，有时少。当它们在某一时间内食物丰富，而悄悄地大量繁殖起来时，鼠类的天敌们也会由于食物丰富，而发展壮大。这样一来，鼠类遭到多方剿杀，数量就会锐减下来。而鼠类的减少，又使它的天敌们感到生活前景不妙，于是纷纷流落他乡，或者改变口味，改食其他动物甚至植物。鼠类也因此得到喘息的机会，又会悄悄发展。旅鼠王国的兴衰就是一个生动的事例。

旅鼠分布在挪威、芬兰北部、俄罗斯北部和北美洲北部。它们生活在广漠的苔原地带，以草和地衣为食。这些体重大约100克的小兽，胃口特别好，并肆无忌惮地"添丁加口"，使旅鼠王国的"臣民"越来越多。苔原地带的草和地衣被它们啃得越来越少。

大约每隔4年，"鼠口过剩"的危机就会又一次总爆发。大批大批的旅鼠迫于无奈，外出逃荒，数百万鼠众挤在一起，像洪流一样在苔原上奔流，一直抵达海滨，涌向大海，前赴后继，一群接一群跃入苍茫的海中。

也许是它们过高估计了自己的能力，因为旅鼠善于游泳，长途的逃亡路程，不知度过了多少河川，大海在它们眼里自然

也不在话下。但可悲的结局是全体葬身在碧波绿海之中。即使那些留在苔原上的旅鼠，多数也难逃厄运。

随着鼠数增加，捕食者雪鸮和北极狐也多了起来，当旅鼠大部队出逃后，苔原上便形成了"狼多肉少"的局势。而被它们自己吃得光秃秃的苔原，这时也很难找到有效的藏身之所，于是饥饿的雪鸮和北极狐恣情地捕杀，一直到旅鼠被消灭殆尽。

紧接着的便是捕食者的恐慌：找不到充饥之物的北极狐饿死在雪地上；饥饿的雪鸮也打起精神飞向南方。在加拿大南部和美国有这样的记录，每隔4年左右就会有一批雪鸮来访，它们正是来自苔原的"逃亡者"。

一番生死搏斗后，苔原一片肃静，苔原植物因此得到喘息的机会，渐渐恢复元气，茁壮成长起来。

苔原的复生，又带来了旅鼠王国的复兴。一切好像都沿着过去的道路，开始了新的循环。几年后，又一场旅鼠集体蹈海的悲剧就会出现。

10. 生物也会"造反"吗

当生态系统中加入新的物种,或改变其环境条件,就会打破旧有平衡,建立新的平衡;当生态系统的组成或某一成分发生变化,超过其调节能力时,生态平衡便会逆转,生态系统便会受到破坏。

离非洲大陆2000多千米的地方,有一个面积不足300平方千米的马里恩岛。第二次世界大战之后不久,一支南非勘探队为了在这里建立气象站,登上这个岛屿。同时,轮船中的耗子跑到了岸上,并且在岛上迅速繁殖起来。为了对付岛上的耗子,人们于1948年初给这个岛送去了5只家猫。

但现在家猫却变成了野猫,数量也增加到了2000多只,而且还在不断增加。它们已经改变了本性,不去理会岛上的耗子,而是一个劲地捕食岛上的鸟类。为了对付猫患,恢复自然界的平衡,人们曾经采用许多办法,如设置陷阱、安放毒药,但都无济于事。

后来,科学工作者给岛上的100只猫注射了一种细菌,试图让猫传染疾病,以控制猫患。但两年后,人们找到一些注射

过细菌的死猫，经过分析发现，它们不是病毒致死，而是老死的。它们已经对本来是致命的细菌具有免疫力。现在，岛上耗子猖獗，猫又称王称霸，人们对此束手无策。

风信子，是百合科多年生草本植物。1884年，在美国新奥尔良举办的棉花展览会上，这种来自委内瑞拉的水生植物以其绰约风姿，吸引了众多爱好者。浅蓝色的花朵形状如兰，娇艳动人。风信子的倾倒者纷纷剪枝，兴致勃勃地带回自家附近的水塘、小河栽种。很快，风信子便在许多地方繁殖了起来。但不久人们发现事情不妙，在美洲和非洲，风信子好像发了疯似的生长繁衍，到处扩大地盘，霸占水域，大有占领所有湖泊、河流、池塘、水沟水面，一统天下之势。

风信子

在美国路易斯安那州，没过多久风信子差不多就把所有江河湖泊、池塘占满了。浮在水面上密密麻麻的绿叶，厚近1米。原来通航的河道被堵塞，灌溉机械停止了工作，水力发电机也不敢旋转。由于氧气不能通过水面通畅地进入水中，许多水域的鱼类窒息死亡。相反，传播寄生虫病的蚊子和蜗牛却找到了理想的庇护地，猖獗地滋生起来。人们被迫耗费巨资，来清理风信子，疏通河道，但却没有能够找到一个有效控制它们狂长的方法。

生态与环境

倾心于风信子的人们不曾想到,鲜花居然给人们带来了这么多的麻烦。

当某种生物进入新的系统,突破了环境阻力,失去控制,就会以超乎寻常的速度发展起来,即使其生殖潜能不能全部实现,也够人受的。像风信子在原产地,并没有发了疯似的到处去霸占水面,原因是在原来的环境中,还有其他植物、食草动物等"环境阻力"阻挡它们,使它们不能顺利地繁殖生长。当风信子被迁到其他环境后,原来对它实行有效控制的环境阻力没有了,新的环境阻力不能马上形成,即使有阻力,也不能对它们实行很好的控制,它们便按每天1公顷生长11吨的速度凶狂起来。

海牛

人们发现海牛控制风信子生长,保护自然界平衡,能起到重要的积极作用。在圭亚那的乔治敦城,一条长600米,宽12米的水道曾被风信子堵塞,影响整个城市的供水,后来放进两条海牛,水道很快就疏通了。一头海牛一天能够吃掉40多千克风信子。并且,它的活动很有规律,总是沿着河道一片一片地清除水草。在它游过的地方,把所有的水草都吃个精光。利用海牛,可以使风信子造成的平衡失调得以恢复。

生态

与此类似的植物还有水葫芦。

水葫芦（学名凤眼莲）是一个世纪前作为观赏植物引进非洲的。它的墨绿色的叶片，紫色的小花为人们倾倒。维多利亚湖地区开始出现水葫芦大约是10年前。在湖中大量污水为它提供养料，使它迅速生长，迅速蔓延。

水葫芦

湖区周围的三个国家共有3000多万人口，不仅依靠维多利亚湖为饮用水的水源，而且依靠它灌溉、作电力来源和运输物资。现在，由于水葫芦繁殖过旺，就像一块绿色地毯遮住了湖面的阳光，逐渐窒息了其他各种形式的生命。

这些植物腐烂过程中消耗大量的氧，缺氧又导致鱼类、藻类和无脊椎动物的死亡。湖区几十万直接靠维多利亚湖谋生的渔民，他们世世代代在这里捕捉著名的罗非鱼等几十种鱼类。现在，或者密密麻麻地缠绕在一起的水葫芦根茎使渔民的小船无法通行，或者干脆就捕不到鱼，鱼已经死了。丛生的水葫芦使湖水流不进欧文瀑布坝的涡轮机，导致乌干达很大一部分地区断电。这种植物还堵塞了泵站，使经处理的清洁水难以流入城市和村镇。

而且，不仅维多利亚湖发生了这场生物灾难，赞比亚的卡

生态与环境

富埃河也未能避免。在这条河的一些河段水葫芦蔓延长达6千米，船只无法通行，并威胁到首都卢萨卡供电的发电站。

此外，在世界其他地区，如美国、日本和韩国，河流和湖泊中水葫芦也在迅速蔓延。人们采用多种方法试图控制它的蔓延，如喷洒除草剂、用铲草机清除等，但都收效甚微。

打捞水葫芦

法国的《科学与生活》月刊（1996年6月号）发表文章说，准备让在法国不受人喜爱的象虫，远征维多利亚湖，让这种昆虫将乌干达等国的人民，从一场生物灾难中拯救出来。据说，这种象虫喜欢食水葫芦的叶和茎，自1993年以来，一项利用这种昆虫制服水葫芦的生物战，在另一个受灾区——乌干达的基奥湖的试验取得进展。因而人们希望象虫能制服维多利亚湖的水葫芦。但是，科学家指出，最少需要10年才能感受到象虫是否有能力扑灭这场生物灾难。

水葫芦和风信子，都是异常美丽的水生植物。人们把它们作为可爱的观赏植物引进到新的地方，由于没有同时引进控制因素，当它们跑到野外成野生状态时，快速的繁殖和蔓延，打破了原有的自然平衡，给人们宁静的生活制造出了个大难题。但是，人们动用最现代化的机械手段或化学武器，并未解决这

个难题。最后，人们还是引进它们的天敌，如海牛和象虫，才有可能得以重建生态平衡。

水葫芦和风信子，它们不仅是非常美丽可爱的植物，而且是非常有用的植物，特别是它们都是净化废水的"能手"。在废水环境中，它们充分利用污水中的养分，快速生长，在出水的地方污水就成为清洁水了。

以"污水—水葫芦"等建立一种生态模式，可以利用水葫芦净化污水的能力，同时为人类创造巨大的经济利益。

据报道，美国航天局利用风信子净化污水的能力，解决美国航天基地加州圣迭戈市的食用水问题。那里水源紧缺，特别是随着大工业的发展，饮用水短缺日趋严重，90%的食用水要靠外地供应。后来，人们发现风信子净化污水的能力，建设了风信子净化污水系统。它由6个长12米、宽5米、深1.2

食蚊鱼能帮助净化污水

米的水池组成。水池底部铺上几厘米厚的塘泥，种上风信子。废水先经过传统过滤器初步过滤，后陆续通过6个生长茂盛的风信子和少许浮萍的水池。风信子不仅能吸收盐类，如硝酸盐、磷酸盐等，而且能吸收水中有毒的重金属，如铅、汞、镉等。污水作为风信子营养剂被它们吸收利用之后，从第4个水池开

始，每个水池除了风信子外，养殖动物蜗牛、鳌虾、食蚊鱼等，它们进一步过滤污水。经过这个净化系统流出来的水，比用传统净化器处理的水干净3～4倍。这种水再经过沙层过滤后，便可用于灌溉，再进一步处理便可供给城市居民食用了。

　　自然界的生态平衡失调是经常发生的。这种现象的出现，常常危害人们的利益。然而自然界本身有自动调节的机能，通过自身调节，可以使生态平衡得以恢复。但超过了一定的界限，自然恢复是很困难的。所以我们的活动要非常谨慎，要认识生态规律。一方面对人类活动自觉地加以限制，以保护自然界的生态平衡；另一方面，一旦平衡失调，可以发挥人的主观能动性，调节食物链关系，建立新的平衡，以适应人类的需要。

生态

11. 酸雨、"温室"效应、臭氧层破坏有什么危害

在当今世界，生活在城市里的人们很难再看到洁白的游云和湛蓝的天幕构成的美丽画面。天边常常飘浮着一层淡淡的灰黑色浊云。那些不会动的高大烟囱和装在汽车上跑来跑去的排气管，不停地向大气排放废气。据统计，全世界每年排入大气的二氧化碳有200亿吨，有毒气体也达6.14亿吨。

1952年12月，英国伦敦发生严重的煤烟等物质污染大气事件，烟雾弥漫了5天，伦敦居民呼吸道疾病剧增。在这一段期间，伦敦居民的死亡人数，比历年来同期增加了4000余人。

现在，大气中的有毒物质比当年不知增加了多少倍，它们在我们的周围被风吹来吹去，到处损害人们的健康。大气污染的日趋严重，形成了一系列的环境问题，影响全球生态平衡和气候变化。

酸雨是大气污染的直接结果。工业燃烧把大量的二氧化硫等气体排入大气，造成局部地区大气中二氧化硫富集，在水凝

结过程中溶解于水中形成亚硫酸，然后经过某些污染物的催化作用生成硫酸，随雨水降落下来，形成酸雨。酸雨中除硫酸外，还有由 NOx（（主要是 NO、NO_2）形成的硝酸以及盐酸、碳酸等。

酸雨对人们的健康危害极大。含酸的空气，使呼吸道疾病增加。1975年，梅雨季节，日本关东一带下的酸雨，虽然是细雨霏霏，却使数万人眼痛难忍。酸雨使湖泊、河川及地表水酸化，严重地影响水生生物的生长和生存。瑞典全国9万多个湖泊中，有2万多个受到酸雨的危害，4000个湖泊因水质酸化，鱼类绝迹。加拿大约有5万个湖泊，正面临着变成水之"荒漠"的危险。

同时，酸雨还破坏森林和植被，破坏土壤的肥力。一方面酸雨使土壤中的钙、镁、钾等养分离子淋溶，导致土壤酸化、贫瘠化，影响植物生长；另一方面，多数土壤微生物，尤其是固氮菌等，生长在碱性、中性和微酸性的土壤中，酸雨的加入，造成土壤微生物群落的混乱，影响营养元素的循环和供应，严重危害农作物和其他植物的生长。

1984年3月3日，设在华盛顿的世界观察研究所发表的研究报告指出，因酸雨引起的世界范围的森林毁坏，就木材损失估算，价值有几十亿美元。在我国关于酸雨报道也屡见不鲜。1982年5月中旬，苏州市降了一场酸雨，郊区栽种的西瓜秧全部烂死。

此外，酸雨还危害城市的建筑物，危害机器、桥梁、名胜古迹和艺术品。雅典古神庙、德国鲁尔区的石雕都被酸雨腐蚀

生态

得面目全非。北京故宫里的汉白玉石雕已有数百年的历史。从1925年拍摄的照片来看，浮雕的花纹还十分清晰；但到今天，它已被含酸的空气和雨水腐蚀得模糊不清了。

工厂排出的废气

在大工业发展初期，有人曾把高耸的烟囱称颂为刺破青天的"画笔"，而把滚滚的浓烟当作"牡丹"来欣赏，有多少人为现代文明取得的成就所陶醉。但是，当毒雾笼罩大地，酸雨从天而降时，人们才逐步清醒过来。然而不幸的是，有毒有害物质还在不断地排向大气。下面我们来说说"温室"效应。

绿色植物通过光合作用，把大气中的二氧化碳吸收并固定于植物体内。动物

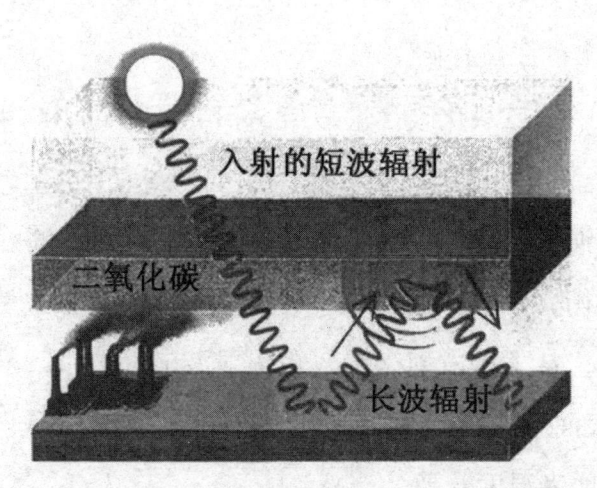

温室效应小样图

摄取植物体后，碳便转移到动物体内。而动植物的呼吸作用，消耗体内的有机碳，产生二氧化碳，归还于大气；同时，动植物残体通过微生物的分解，产生的二氧化碳进入大气，这样使大气中的二氧化碳含量大致保持一个稳定的常量。但随着现代工农业的发展以及全球森林的消失，这个平衡被打破了。

越来越多的煤和石油被人们从地下开采出来，它们在燃烧时放出光和热，同时把大量的二氧化碳排放到大气中去。同时，毁林开荒，大片的森林消失了，减少了对二氧化碳的吸收和固定。而粗耕细作又加速了有机物的分解，向大气中提供了更多的二氧化碳。

被砍伐后的森林

1860年，大气中的二氧化碳含量是 283×10^{-6}，经过100年的时间到了20世纪60年代已增至 320×10^{-6}，进入21世纪，这个数值更是上升到了 400×10^{-6}。二氧化碳的含量增高，将会改变地球上的热平衡，产生"温室效应"。因为二氧化碳大量存在于大气的时候，从太阳发射来的较短辐射波能够透过二氧化碳层，到达地球表面；而地球产生的长波热辐射则不容易穿过，被反射回地表，使地表温度升高。

生 态

根据科学家们的研究计算，当二氧化碳浓度增加1倍时，全球平均气温升高1.5～3℃，高纬度地区尤其明显，增加4～10℃。这样，地球两极的冰层以及其他地区的冰川将会融化，全球海平面将升高几十米，许多沿海城市，甚至欧洲的大部分都要被淹没。此外，许多专家认为，温室效应还可能引起全球天气和气候的反常，使一些地区旱情加剧，沙漠扩大，而另一些地区则倾盆大雨，洪水泛滥。

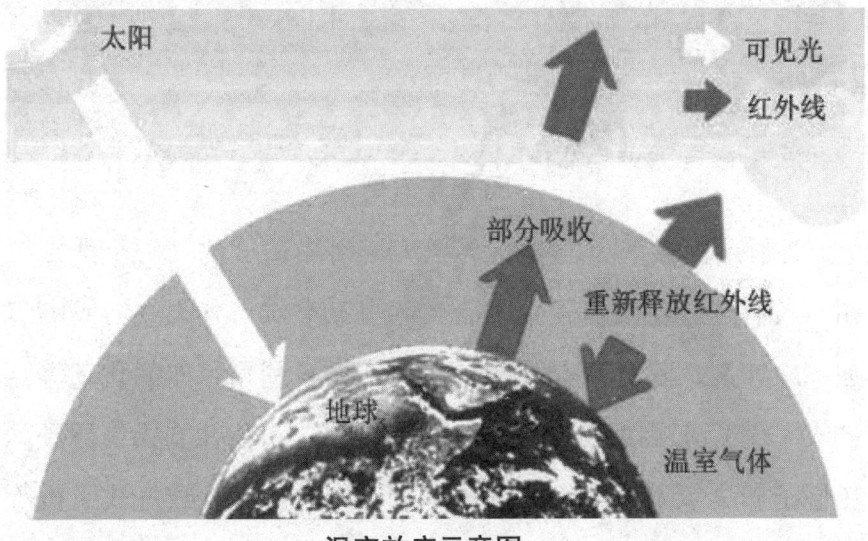

温室效应示意图

这并非是耸人听闻的假设。20世纪80年代以来，全球性气候异常。非洲大陆连年大旱，饥民遍野；而孟加拉等国以及我国南方则大雨连绵，洪水淹没大片的农田和房屋。许多国家冬季不冷，瘟疫流行；夏季酷暑，热浪灼人。美国一些地区已多年出现"大热浪"的持续高温，中暑死亡者屡有报道。

草原荒漠化

臭氧层的破坏是当今世界上大气污染造成的又一个严重问题。人们已经在两极发现了巨大的臭氧空洞。各类气溶胶喷雾剂、冷冻剂、除臭剂释放的含氯烃，如氟利昂、四氯化碳等，进入大气平流层以后，在紫外线的照射下，分解出自由氯原子。氯原子和臭氧发生反应，消耗臭氧。此外，大型喷气式飞机等排放的氮氧化物以及大量施用化肥和燃烧过程中产生的氮氧化物都能和臭氧结合。

据研究，平流层中的臭氧减少1%，到达地球表面的紫外线就增加2%。紫外线增加的后果是严重地损害动植物生长，降低生物的生产能力和生物量，并对人类的健康产生严重的不良影响。科学家的研究指出，如果按1977年含氯氟烃的排放比率，

估计 100 年内臭氧将减少 16.5%。据美国的报道，臭氧密度只要减少 5%，仅美国就要增加 8000 例皮肤癌患者；如果减少 16.5%，每年就要发生几十万皮肤癌病例，其中许多是无法医治的。

大气污染已经构成了对人类生存的严重威胁。

12. 生物链是怎么回事

我国古代有句俗话：螳螂捕蝉，黄雀在后。原意是比喻只看见前面有利可图，却不知道祸害就在后面。但它在客观上却揭示了一个重要的生态现象——食物链。螳螂吃蝉，黄雀吃螳螂，一环扣一环，形成一条连环的锁链。食物链形象地概括了生态系统中提供食物与取得食物的连锁关系。

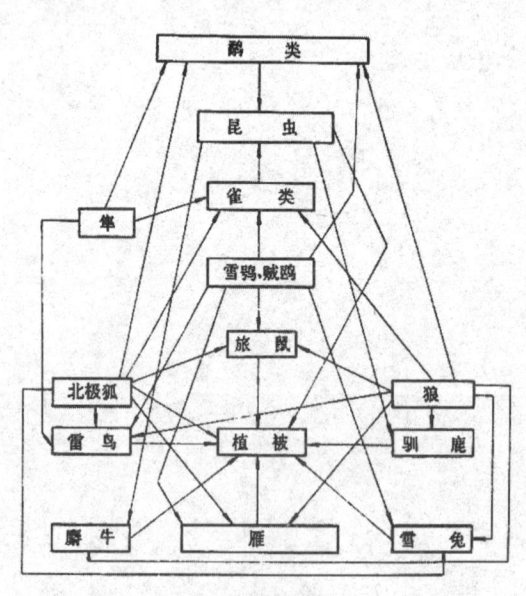

食物链

绿色植物通过光合作用产生的有机物质是食物链的起点。光合产物被草食动物所食，高等肉食动物吃低等肉食动物，构成了一条完整的食物链。通过食物链，营养物质从一种生物传递到另一种生物。食

生态

物链具有三种基本类型。

草牧食物链：食物链从绿色植物开始，然后是草食动物，再后是不同级别的肉食动物。植物→草食动物→肉食动物。草牧食物链是最基本的食物链。

草原食物链

腐屑食物链：在沼泽地，许多鲜草、枯草落到水中。

首先成为腐生菌的可口食物；接着，腐烂的碎草和腐生菌一起，被水蚤、小虾食用；水蚤、小虾又喂了小鱼；然后小鱼又葬身大鱼之腹。构成了一条重要的腐屑食物链：腐草屑→水蚤（小虾）→小鱼→大鱼。

在泥土中，除了腐生菌以外，还有一批腐食性的小动物，

营养级

顶极食肉动物
（三级消费者）

食肉动物
（二级消费者）

食草动物
（一级消费者）

植物
（生产者）

食虫鼠

食物链营养级

如线虫、蚯蚓、蝉等。植物的枯枝落叶、动物的残体和排泄物，通过腐生菌的分解发生腐烂，便成了这些小动物充饥的食物。而这些小动物也常常被土栖的食肉动物掠食。下面是草原生态系统土壤中的一条腐屑食物链：动植物腐屑→螨→蜈蚣→鼹鼠。

寄生食物链：与草牧食物链顺序相反，寄生食物链是从大型生物开始，向着生物越来越小的方向伸展。动物园中的猴子，它的皮毛下藏着吸血的跳蚤；跳蚤身上又寄生着单细胞的原虫；原虫虽小，身上又有细菌的寄生；细菌也不是最小的寄生者，还有一种称为噬菌体的生物，能侵入细菌的细胞内生长繁殖。猴子→跳蚤→原虫→细菌→噬菌体，构成了一条典型的寄生食物链。

以上三种基本食物链好像都是一条条直线，实际的情况要比这复杂得多了。食物链常常会有许多分枝存在，有时也不按照大吃小的顺序排列。比如，蝙蝠吃蚊子，蚊子吸野狼的血，野狼吃鸡，鸡吃蝗虫，蝗虫吃植物的叶子。

自然界中同一类植物可能是多种草食动物的食料，而这些草食动物可能是各类肉食动物的共同的捕食对象。一种生物可以吃多种生物，而一种生物又被多种生物所食。如草原生态系统中有一条食物链：青草→野兔→狐狸→狼。但吃草的动物不只有野兔，还有许多昆虫以及牛、羊、田鼠等；狼也不必非等兔子被狐狸吃了再去吃狐狸，它见了兔子完全可以捉来就吃，不会犯"越级"的错误。吃兔子的，未必就是狐狸、狼，还有黄鼠狼、鹰等。狐狸除了吃兔子，捉住青蛙、小鸟、田鼠，也会当作自己的食物。有时，狐狸实在找不到肉食，腹中空空，饥不择食，它也吃浆果，甚至吃腐食。

生态系统中的食物关系就是如此复杂，好像一张巨大的网，千根绳，万只眼，纵横连贯。每条食物链，只不过是这张巨网上抽出的一条绳。许多食物链交错搭配，形成网络结构，生态学中把这种现象称为食物网。各种生物在食物链中按其食物关系有秩序地排列。而一些看上去毫无联系的事物，通过食物链又能神奇地联系在一起。

在达尔文的巨著《物种起源》中讲述了一个关于"三叶草和猫"的故事。

英国盛长三叶草，它是牛的主要饲料。野蜂因其有很长的舌头，可有效地为三叶草深红色的花朵传授花粉。三叶草之所

以能够在英国繁茂生长，就因为这个国家盛产野蜂。但是，田鼠很喜欢吃野蜂的蜜和幼虫，它们常常捣毁蜂房。后来人们发现，在乡村和市镇附近，野蜂巢比较多，三叶草生长茂盛；原因在于村镇中，养有较多猫，猫吃田鼠，减少了对野蜂的威胁，所以那里三叶草普遍生长很好，这就为养牛业的发展提供了丰富的饲料。

这里养牛业通过田鼠、野蜂同养猫发生了联系。养猫多的地方，田鼠少，野蜂多，三叶草生长繁茂，养牛业就发达。猫少的地方，田鼠多，野蜂少，三叶草不繁盛，牛的饲料就少，养牛业就不发达。

一位德国科学家接着推论说：三叶草之所以在英国普遍生长，是由于猫。照此推论下去，三叶草是英国牛群的主要食物，而英国海军的主要食品是牛肉罐头，于是三叶草在生态学上与英国海军又发生了联系。这么看来，英国拥有一支称霸一时的海军，成为世界强国，最终应归功于猫。生物学家赫胥黎说得更幽默："英国的猫主要是由老小姐喂养的，所以英国海军强大，无论在逻辑上，还是在生态学角度上，都应该归功于英国爱猫的老小姐。"

认识生物界的这种食物链网络关系，在人们的实践中有着重要意义。100多年前，人们还不认识这种关系，英国一些海外殖民地的农场主为了得到饲料，把三叶草引进了新西兰。但

是在那里三叶草不能结籽繁育，因为它靠野蜂传粉，普通的蜂和蜜蜂吸管很短，吃不到三叶草的花蜜，不能为它传粉。后来，人们认识到了这种关系，1880年，殖民者把野蜂引进了新西兰，从此以后，才使三叶草在新西兰茂盛地生长起来，为畜牧业提供了丰富的饲料。

类似的例子还有蜣螂南行。澳大利亚是畜牧业很发达的国家，饲养有数以千万计的牛。这些牛每天要排出几亿堆牛粪，覆盖成百万英亩草场。同时，牛粪还滋生蝇类。这就成了一个大问题，如何清除牛粪呢？自然界创造出了蜣螂。每当夜幕降临的时候，草食动物休息了，草原上就有成千上万的蜣螂出来活动，它们迅速地把粪便运走并埋藏起来，慢慢食用。因而蜣螂成了草原的清扫工。

然而澳大利亚的蜣螂只吃袋鼠的粪便，不吃牛粪。1978年，澳大利亚从我国引进一种蜣螂。这些屎壳郎远渡重洋，到澳大利亚安家落户。这些"新移民"在那里饱食牛粪，为那里打扫草场。蜣螂的活动不仅清扫了草场，而且疏松了土壤，培肥了地力，促进了牧草生长和畜牧业的发展。

1906年以前，美国北亚利桑那州的凯巴伯森林还是松杉苍郁，生机勃勃，大约4000只的鹿在林间出没。以贪婪的眼光蹑足尾随鹿群的是凶残的狼。狼对鹿的威胁，不知怎么引起时任美国总统罗斯福的关心，他宣布凯巴伯森林为全国狩猎保护地，

随后由政府雇请猎人到那里去消灭狼。在枪声中,狼一只接一只倒在血泊中。"镇压"持续了25年,狼与其他一些鹿的捕食者统共被消灭了6000多只。

受到保护的鹿,在这个"自由王国"中自由自在地繁殖,鹿群总数很快超过10万只。然而,随着鹿的增多,人们发现可爱的鹿变得越来越不可爱了。灌木、小树、树皮,几乎一切可吃的绿色植物都遭到了扫荡。整个森林像遭了灾一样,绿色在消失,枯黄在蔓延。紧接着,灾难降临鹿群,饥饿、疾病像魔鬼的影子在鹿群中游荡,只过了两个寒冬,鹿群就减少了6万只。到1942年,凯巴伯只剩下8000只病鹿。

罗斯福没有想到,他下令捕杀的狼,居然是森林的保护神。通过食物链,狼和森林发生了联系。狼吃掉一些鹿,控制森林中鹿的总数,森林就

狼

不会被鹿群糟蹋得如此狼狈;狼吃掉的鹿,多半是病鹿,这自然又抑制了疫病对鹿群的威胁。相反,罗斯福要保护的鹿一旦在森林中过多的繁殖,倒成了毁林的罪魁祸首。

生态

　　麻雀既吃谷子，又吃害虫。1958年我国把麻雀列为四害之一，进行围歼。结果导致害虫快速繁衍，直接危害农业生产，这比麻雀本身危害更大。

　　要保护和合理地利用自然资源，就必须了解环境内动物和植物间的营养关系，以及食物链中数量的调节。否则，凭人的好恶或私欲对某类动物滥加捕杀，就会影响整个食物链，破坏自然的平衡与协调。

13. 适者生存是怎么回事

丰富多彩的各种生物在大自然中生存，无不打上生活的烙印。你是否观察到，动植物的体形构造明显地带有与其生活环境相适应的标记。例如，鱼类的流线形体和用鳃呼吸是适应水中生活的；陆地生活的动物用肺呼吸和有能行走或奔跑的四肢；树叶的片状结构和向上生长的枝条呈辐射状展开是争取阳光的表现等。生物学上把这种生活标记，即生物体的形态结构与生活环境相一致的现象称为"适应"。形形色色的生物呈现出形形色色的适应现象。

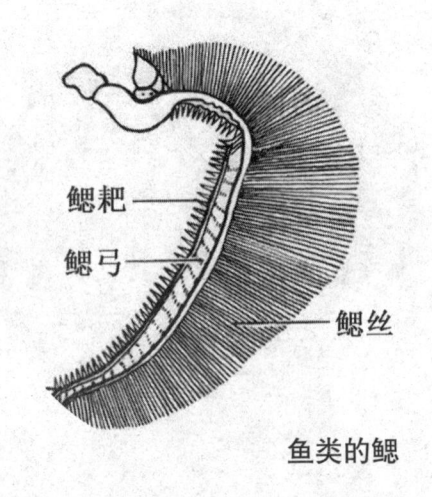

生物学中适应最典型的实例就是工业区桦尺蛾"黑化"的现象。桦尺蛾是生活在欧洲的一种蛾类。正常的桦尺蛾的体色是灰白色的，它夜晚活动，白天栖息在树干上，其体色与树干

生态

上的地衣颜色十分相似，不易被它的天敌鸟类所发现。19世纪英国工业化造成严重污染，大烟囱排出的大量煤烟，杀死了树干上浅灰色的地衣，把原先地衣的树干变为黑色。从而改变了桦尺蛾的栖息环境，原本具有的保护色，在新的环境中变为显露的。于是，灰白色的桦尺蛾变得容易被鸟发现并捕食，而原来容易被发现的黑色品种却得到了掩护。

在自然选择的作用下，黑色类型逐渐代替了浅色类型。在工业黑化的作用下，黑色的桦尺蛾适应了新的环境而被保留下来，自从1850年人们发现了第一只黑色桦尺蛾，到19世纪末，黑色类型占95％以上，而浅灰色类型从99％降到5％以下。由此可见，生物对环境的适应，是使其生存的重要保证。人们所说的保护色、警戒色、拟态都是生物环境适应的种种表现。大自然是千变万化的，适应是相对的，在一个环境下的适者，在

猛犸

另一个环境下可能成为不适者而被淘汰。

猛犸是一种已经灭绝了的哺乳动物，它生存于更新世晚期的欧亚大陆北部寒冷的干旱地区。它的身体庞大犹如大象，身披棕色长毛，所以又叫"毛象"。它的体型及生理习性都适应了干冷少雪的气候。而第四纪冰期到来时，地面被又软又深的积雪所覆盖，猛犸这种庞然大物在茫茫的白雪围困中不能自拔，食物断绝，终于被这冰天雪地所吞没，而在地球上消失。

恐龙化石

我们所熟悉的恐龙，曾是中生代的"统治者"，它们称霸于陆地、海洋、天空，在地球上生存了1.3亿多年，但不知为什么，这些世界的"主宰者"竟在地球上绝灭了。关于恐龙的灭绝原因，在科学界有种种的假说和论述。

生 态

有人认为是中生代末期的造山运动，使地壳结构出现巨大的变化而引起恐龙生活环境的改变；有人认为是白垩纪后期小行星与地球相撞爆炸引起的地球上光照、气温的骤然变化而导致恐龙生活环境的改变；也有人认为是种间竞争和种内竞争的结果，使这种体态庞大、头脑简单的恐龙失去生存优势，等等。但是不论哪种说法，归根结底是恐龙适应不了当时变化的环境，而最终灭绝。

生物在生存竞争中与其生存环境相适应，就能免受敌害或不良条件的侵袭而得以繁殖和延续。如果不能适应变化的环境，最终只能是被淘汰，猛犸、恐龙的灭绝就是最好的实例。

在生命世界，成功的标准是物种的生存。有许多物种灭绝了，是因为它们不适应变化了的环境，只有适应性强的物种才生存下来。

生物适应环境，这是生态平衡的一条重要的规律。适应作为生物生存的重要因素，是生物生存的一种机制。这就是面对环境的变化，生物需要不断地调节自身的生理、形态等的结构，使自己与环境的变化相一致，以便有更多的生存机会。

人也是这样的。科学家发现，人到了高山地区，例如在青藏高原，呼吸、心血管造血系统等的活动，会发生数十种变化，包括血液系统的成分、生理化学和功能的变化。如造血功能增强、红细胞生成增多、血红蛋白分子改变形状、血液中的氧容量增加、肺通气增强、心率输出增加等。人身体内的这些变化是适应高海拔低气压而发生的。当回到低海拔的地区后，又会恢复到原

来的状态。

　　生物必须适应环境才能得以生存。生物体广泛存在变异现象，这是适应的生理基础。环境资源可以养活很多各种各样的生物，但是，当环境发生激烈的变化时，那些不适应环境变化的生物被淘汰，只有适应环境变化的生物生存下来。因为它以自身的变异去适应变化了的环境，而且，它能把变化的基因传递给后代，从而促成了生物的进化。

　　生命经历这样的适应→进化的路线，达到生物体与环境的协调，达到生态平衡。这是生命的价值，或生命生存的路线。

环境

Huan jing

环境

1. 环境是怎样分类的

环境是指围绕着人群的空间，以及其中可以直接、间接影响人类生活和发展的各种自然因素和社会因素的总体。

《中华人民共和国环境保护法》明确指出："本法所称环境，是指影响人类生存和发展的各种天然的和经过人工改造的自然因素的总体，包括大气、水、海洋、土地、矿藏、森林、草原、野生生物、自然遗产、人文遗产、自然保护区、风景名胜区、城市和乡村等。"

环境是一个非常复杂的体系，目前还没有形成统一的分类方法。一般按照下述原则来分类，即按照环境的主体、环境的范围、环境的要素和人类对环境的利用或环境的功能进行分类。

按照环境的主体 按照环境的主体来分，目前有两种体系。

一种是以人或人类作为主体，其他的生命物体和非生命物质都被视为环境要素，即环境就是指人类的生存环境。在环境科学中，多数人采用这种分类法。

另一种是以生物体(界)作为环境的主体，不把人以外的生物看成环境要素。在生态学中，往往采用这种分类法。

城市环境

按照环境的范围大小 按照环境的范围大小来分类比较简单。

如把环境分为特定空间环境（如航空、航天的密封舱环境等）、车间环境（劳动环境）、生活区环境（如居室环境、院落环境等）、城市环境、区域环境（如流域环境、行政区域环境等）、全球环境和宇宙环境等。

按照环境要素 按照环境要素进行分类则较复杂。如按环境要素的属性可分成自然环境和社会环境两类。

自然环境虽然由于人类活动发生巨大的变化，但仍按自然的规律发展着。在自然环境中，按其主要的环境组成要素，可再分为大气环境、水环境（如海洋环境、湖泊环境等）、土壤

环 境

草原环境

环境、生物环境(如森林环境、草原环境等)、地质环境等。

社会环境是人类社会在长期的发展中，为了不断提高人类的物质和文化生活而创造出来的。社会环境常依人类对环境的利用或环境的功能再进行下一级的分类，分为聚落环境(如院落环境、村落环境、城市环境)、生产环境(如工厂环境、矿山环境、农场环境、林场环境、果园环境等)、交通环境(如机场环境、港口环境)、文化环境(如学校及文化教育区、文物古迹保护区、风景游览区和自然保护区)等。

此外，在医学上和生态学上，还有内部环境和外部环境这样的分类系统。内部环境是指人或生物体内的系统和功能总体；外部环境则指我们前述的环境内容。

人与环境关系密切，如人体通过新陈代谢和周围环境进行物质交换，吸入氧，呼出二氧化碳，摄取水和各类营养物质来维持人体的发育、成长和遗传。这使人体的物质组成与环境的

物质组成具有很高的统一性。就是说人类和其他生物不仅是环境发展到一定阶段的产物，而且它们的物质组成也是和环境的物质组成保持平衡关系。

三峡大坝

如果这种平衡破坏了，则将对人体健康造成危害。环境污染或公害问题，主要就是环境中的物质组成同人类的生存不相适应的问题。

人类对环境的利用和改造已取得了巨大的成就。据估算，原始土地上光合作用产生的绿色植物及其供养的动物只能为1000万人提供食物，而现代农业进行机械化生产，并施用化肥和农药，获得的农产品却可以供养几十亿人。又如人类控制了一些河流的洪水泛滥；改良了土壤；驯化了野生动植物，培养出优良的品种；发展了各种能源和制造业，制成了原来环境中所没有的而对人有用的物质；建设了舒适的居住环境；创造出各种具有物质、精神文明的环境，使人类的生活水平大大提高。这反映了人类从处于适应环境的地位，逐渐地在环境中居于主导的地位。

环 境

　　环境中的各种资源同环境的主体——人类之间，都处于动态平衡之中。因此在不同的生产水平的各个时期，环境对人口的承载量都有一个平衡值或最佳点，如果越出这个平衡值，则必然会使环境质量下降或者使人类生活水平下降。所以人类在改造环境中，必须使自身同环境保持动态平衡关系。

2. 什么是可持续发展

由挪威前首相布伦特兰夫人领导的联合国世界环境与发展委员会，1987年在《我们共同的未来》报告中指出，可持续发展是指"既满足当代人的需要，又不损害后代人满足需要的能力的发展"。这一概念包含的基本内容，为世界各国所接受和运用。

1996年3月，江泽民总书记在中央计划生育工作座谈会上指出："所谓可持续发展，就是既要考虑当前发展的需要，又考虑未来发展的需要，不要以牺牲后代人的利益为代价来满足当代人的利益。"

善待地球

可持续发展是生态、经济、社会三位一体的发展；可持续发展是指生态、经济和社会三者的协调发展。

环 境

生态可持续发展 以保护自然为基础,与资源和环境的承载能力相适应。在发展的同时,必须保护环境,包括控制环境污染和改善环境质量,保护生物多样性和地球生态的完整性,保证以持续的方式使用可再生资源,使人类的发展保持在地球承载能力之内。

经济可持续发展 鼓励经济增长,以体现国家实力和社会财富。它不仅重视增长数量,更追求改善质量、提高效益、节约能源、减少废物,改变传统的生产和消费模式,实施清洁生产和文明消费。

社会可持续发展 以改善和提高人民生活质量为目的,与社会进步相适应。可持续发展的内涵应包括改善人类生活质量,提高人类健康水平,创造一个保障人民享有平等、自由、教育、人权,免受暴力的社会环境。

爱护地球

生态与环境

生态持续发展是基础、经济持续发展是条件、社会持续发展是目的，三者不可分割。人类共同追求的应是生态——经济——社会复合系统的持续、稳定、健康发展。

环 境

3. 你知道多少世界环境纪念日

国际湿地日 每年2月2日为国际湿地日。

根据1971年在伊朗拉姆萨尔（RAMSAR）签定的《关于特别是作为水禽栖息地的国际重要湿地公约》，指出"湿地是长久或暂时性沼泽地、泥炭地或水域地带，带有静止或流动、或为淡水、半咸水、咸水体，包括低潮时不超过6米的水域"。湿地对于保护生物多样性，特别是禽类的生息和迁徙有重要的作用。

湿地

世界水日 1993年联合国大会通过决议，确定每年的3月22日为"世界水日"，为地球水资源的日益短缺和不断加重的水污染敲响警钟。

世界气象日

每日3月23日。世界气象组织设立于1960年，以提高公

众对气象问题的关注。

地球日 1969年美国威斯康星州参议员盖洛德纳尔逊提议，在美国各大学校园内举办环保问题的讲演会。不久，美国哈佛大学法学院的学生丹尼斯海斯将纳尔逊的提议扩展为在全美举办大规模的社区环保活动，并选定1970年4月22日为第一个"地球日"。当天，美国有2000多万人，包括国会议员、各阶层人士，参加了这次规模盛大的环保活动。在全国各地，人们高呼着保护环境的口号，在街头和校园，游行、集会、演讲和宣传。随后影响日渐扩大并超出美国国界，得到了世界许多国家的积极响应，最终形成世界性的环境保护运动。4月22日也日渐成为全球性的"地球日"。每年的这一天，世界各地都要开展形式多样的群众环保活动。

地球日

世界无烟日 1987年世界卫生组织把5月31日定为"世界无烟日"，以提醒人们重视香烟对人类健康的危害。

世界环境日 每日6月5日。1972年10月第27届联合国大会确立,联合国将根据当年的世界主要环境问题及环境热点，有针对性地制定每年的"世界环境日"的主题。

联合国系统和各国政府每年都在这一天开展各种活动，宣传保护和改善人类环境的重要性，联合国环境规划署同时发表

环 境

《环境现状的年度报告书》，召开表彰"全球500佳"国际会议。

世界防治荒漠化和干旱日 由于日益严重的全球荒漠化问题不断威胁着人类的生存，从1995年起，每年的6月17日被定为"世界防治荒漠化和干旱日"。

世界环境日

世界人口日 1987年7月11日，以一个南斯拉夫婴儿的诞生为标志，世界人口突破50亿。1990年，联合国把每年的7月11日定为"世界人口日"。

国际保护臭氧层日 1987年9月16日，46个国家在加拿大蒙特利尔签署了《关于消耗臭氧层物质的蒙特利尔议定书》，开始采取保护臭氧层的具体行动。联合国设立这一纪念日旨在唤起人们保护臭氧层的意识，并采取协调一致的行动以保护地球环境和人类的健康。

世界动物日 意大利传教士圣·弗朗西斯曾在100多年前倡导在10月4日"向献爱心给人类的动物们致谢"。为了纪念他，人们把10月4日定为"世界动物日"。

世界粮食日 全世界的粮食正随着人口的飞速增长而变得越来越供不应求。从1981年起，每年的10月6日被定为"世界粮食日"。

国际生物多样性日　《生物多样性公约》于1993年12月29日正式生效,为纪念这一有意义的日子,联合国大会通过决议,从1995年起每年的12月29日为"国际生物多样性日"。

环境

4. 什么叫环境问题

环境问题可分为两大类。

一类是由于自然因素的破坏和污染所引起的。如火山活动、地震、风暴、海啸等产生的自然灾害，因环境中元素自然分布不均引起的地方病，以及自然界中放射物质产生的放射病等。

火山活动（自然因素）

另一类是人为因素造成的环境污染和自然资源与生态环境的破坏。在人类生产、生活活动中产生的各种污染物（或污染因素）进入环境，超过了环境容量的允许极限，使环境受到污染和破坏；人类在开发利用自然资源时，超越了环境自身的承载能力，使生态环境质量恶化，或出现自然资源枯竭的现象，这些都属于人为造成的环境问题。我们通常所说的环境问题，也就是环境污染多指人为因素造成的。

环境污染有多种分类方法。

按照环境要素可以分为：大气污染、水体污染、土壤污染。

按照人类活动可以分为：工业环境污染、城市环境污染、农业环境污染。

按照造成环境污染的性质、来源可以分为：化学污染、生物污染、物理污染（噪声污染、放射性、电磁波）、固体废物污染、能源污染。

环境污染会给生态系统造成直接的破坏和影响，如沙漠化、森林破坏，也会给生态系统和人类社会造成间接的危害，有时这种间接的环境效应的危害比当时造成的直接危害更大，也更

水体污染
（人为因素）

环境

难消除。例如，温室效应、酸雨和臭氧层破坏就是由大气污染衍生出的环境效应。这种由环境污染衍生的环境效应具有滞后性，往往在污染发生的当时不易被察觉或预料到，然而一旦发生就表示环境污染已经发展到相当严重的地步。

当然，环境污染的最直接、最容易被人所感受的后果是使人类环境的质量下降，影响人类的生活

城市的空气污染

质量、身体健康和生产活动。例如城市的空气污染造成空气污浊，人们的发病率上升等；水污染使水环境质量恶化，饮用水源的质量普遍下降，威胁人的身体健康，引起胎儿早产或畸形等。

严重的污染事件不仅带来健康问题，也造成社会问题。随着污染的加剧和人们环境意识的提高，由于污染引起的人群纠纷和冲突逐年增加。

目前在全球范围内都不同程度地出现了环境污染问题，具

生态与环境

有全球影响的方面有大气环境污染、海洋污染、城市环境问题等。随着经济和贸易的全球化，环境污染也日益呈现国际化趋势，近年来出现的危险废物越境转移问题就是这方面的突出表现。

环 境

5. 什么是环境保护

环境保护是指人类为解决现实的或潜在的环境问题，协调人类与环境的关系，保障经济社会的持续发展而采取的各种行动的总称。其方法和手段有工程技术的、行政管理的，也有法律的、经济的、宣传教育的等。

环保宣传画

其内容主要有：

（1）防治由生产和生活活动引起的环境污染，包括防治工业生产排放的"三废"（废水、废气、废渣）、粉尘、放射性物质以及产生的噪声、振动、恶臭和电磁微波辐射，交通运输活动产生的有害气体、废液、噪声，海上船舶运输排出的污染物，工农业生产和人民生活使用的有毒有害化学品，城镇生活排放的烟尘、污水和垃圾等造成的污染。

（2）防止由建设和开发活动引起的环境破坏，包括防止由大型水利工程、铁路、公路干线、大型港口码头、机场和大型工业项目等工程建设对环境造成的污染和破坏，农垦和围湖造田活动、海上油田、海岸带和沼泽地的开发、森林和矿产资源的开发对环境的破坏和影响，新工业区、新城镇的设置和建设等对环境的破坏、污染和影响。

植树造林，人人有责（宣传画）

（3）保护有特殊价值的自然环境，包括对珍稀物种及其生活环境、特殊的自然发展史遗迹、地质现象、地貌景观等提供有效的保护。

另外，城乡规划，控制水土流失和沙漠化、植树造林、控制人口的增长和分布、合理配置生产力等，也都属于环境保护的内容。环境保护已成为当今世界各国政府和人民的共同行动和主要任务之一。我国则把环境保护宣布为我国的一项基本国策，并制定和颁布了一系列环境保护的法律、法规，以保证这一基本国策的贯彻执行。

环 境

6. 什么是大气污染

大气污染是指大气中一些物质的含量远远超过正常本底含量，对人体、动物、植物和物体产生不良影响的大气状况。大气污染既可因人类活动造成，也可由自然因素引起。

自然污染源

但随着人口的剧增及工业化和城市化的快速发展，人类活动成为造成大气污染的主要原因。

大气污染源有人为源和自然源。自然源如森林大火、火山喷发、地震等释放出来的各种气体、烟尘、粉尘等。这些污染源一般都超出了人类所能控制的范围。

人为污染源是人类生产和生活过程中所排放的污染大气的物质。又可分为工业企业污染源、家庭炉灶及取暖设备排放源

生态与环境

人为污染源

和交通污染源。

这些污染源排放的污染物主要有烟尘、SO_2、CO、NO_x、SO_x、H_2S、CO_2、铅尘、有机化合物等。

目前，城市里最主要的污染源是汽车，它不仅具有排污源低、分散等特点，而且污染物也很复杂。北京市的大气污染状况已使它列入全球十大严重大气污染城市之内。

大气污染既危害人体健康，又影响动植物的生长，破坏经

美国的多诺拉事件

环境

济资源，严重时可改变大气的性质。

对人体健康的危害　受污染的大气进入人体，可导致呼吸、心血管、神经等系统疾病和其他疾病。

（1）化学性物质污染。主要来自煤和石油的燃烧。冶金、火力发电、石油化工和焦化等工业生产过程排入大气的有害物质最多。一般通过呼吸道进入人体，也有少数经消化道或皮肤进入人体。对居民主要产生慢性中毒，城市大气污染是慢性支气管炎、肺气肿和支气管哮喘等疾病的直接原因或诱因。

世界上闻名的重大污染事件有比利时的马斯河谷事件、美国的多诺拉事件、墨西哥的帕沙利卡事件等。

前苏联切尔诺贝利核泄漏事件中受害的人

（2）放射性物质污染。主要来自核爆炸产物。放射性矿物

105

的开采和加工、放射性物质的生产和应用，也能造成空气污染。污染大气起主要作用的是半衰期较长的放射性元素。

（3）生物物质污染。一种空气应变源，主要有花粉和一些霉菌孢子，能在个别人身上起过敏反应，可诱发鼻

因大气污染而致死的树

炎、气喘、过敏性肺部病变。城市居民受大气污染是综合性的，一般是先污染蔬菜、鱼贝类，经食物链进入人体。

对动植物危害 动物往往由于食用或饮用积累了大气污染的植物和水，发生中毒或死亡。大气污染物浓度超过植物的忍耐程度，会使植物的细胞和组织器官受到伤害，生理功能和生长发育受阻，产量下降，产品品质变坏，群落组成发生变化，甚至造成植物个体死亡，种群消失。急性伤害导致细胞死亡，常在短时间里显示出来。

对材料的危害 如腐蚀金属、侵蚀建筑材料、使橡胶制品脆裂、损坏艺术品、使有色金属褪色等。

对大气的影响 能改变大气的性质和气候的形式。二氧化

环境

碳吸收地面辐射，颗粒物散射阳光，可使地面温度上升或降低。细微颗粒物可降低见光度，增加云量和降水量，雾的出现频率也增加并延长持续时间。

1. 著名的大气污染事件有哪些

伦敦烟雾事件 1952年12月9日，英国伦敦为大雾所笼罩。平时，总是靠近地面的空气温度高，重量轻，热空气上升，冷空气下降，上下空气对流。可这天，

伦敦烟雾事件漫画

冷空气沿着盆地的斜面进入伦敦，地面空气的温度比上面空气的温度还低，于是空气上下对流中止，整个城市一点儿风也没有。

工厂的大烟囱和千家万户的小烟囱不停地冒着烟，没有风，烟散不出去，结果是越积越多，使全城烟雾弥漫，充满呛人的煤烟味。有人不无夸张地形容当时的伦敦是"地狱般的阴森""火与冶炼之神的法庭""犹如西西里岛上冒着烟的埃特加火山"。

环境

烟雾事件中的警察

大雾持续了4天，混浊的空气叫人透不过气来。喉痛、胸闷使人感到异常难受，即使用手帕捂住鼻子也无济于事。伦敦的医院里住满了人，4天之中就死了4000人。在以后的两个月里，又陆续有8000人丧生。

这就是震惊世界的伦敦烟雾事件，也是人类有史以来第一次测定大气污染程度并记录环境污染灾害性影响的事件。

在伦敦烟雾事件中，"主犯"是大气中的悬浮颗粒物（颗粒大的叫降尘，颗粒小的叫飘尘），"帮凶"是二氧化硫气体，它们都是烧煤过程中产生的主要污染物。它们随呼吸一起进入人体，引起支气管炎、肺炎、鼻炎、鼻咽炎以及肺气肿、肺心病等，同时还能诱发神经系统和心血管疾病，损害肝脏和肾脏。

大气中烟尘和二氧化硫的含量越高，呼吸道和心血管疾病

的发病率和死亡率也越高。经现场测定,当时伦敦大气中烟尘和二氧化硫的含量浓度比平时分别高出10倍和6倍,难怪这次事件中会有那么多人被夺去生命了。

光化学烟雾 洛杉矶是美国的第三大城市,早在20世纪40年代就已拥有250万辆汽车。由于这里一面临海,三面环山,空气流动不畅,所以汽车排出的大量尾气,就像盖子一样笼罩在城市的上空。

在强烈太阳紫外线的照射下,汽车排出的氮氧化合物和碳氢化合物等会发生一系列化学反应,生成一种由臭氧、醛类等组成的淡蓝色烟雾,被称为"光化学烟雾"。

洛杉矶光化学烟雾事件

1955年9月,严重的大气污染再加上气温偏高,洛杉矶烟雾的浓度达到了千万分之六点五,结果两天之内就有400多名65岁以上的老人死亡,相当于平时的3倍多。这就是有名的洛杉矶烟雾事件。

光化学烟雾是一种淡蓝色的烟雾,汽车尾气和工厂废气里含大量氮氧化物和碳氢化合物,这些气体在阳光和紫外线作用

环境

下，会发生光热化学反应，光化学烟雾由此而生。它的主要成分是一系列氧化剂，如臭氧、醛类、酮等，它的毒性很大，对人体有强烈的刺激作用，严重时会使人出现呼吸困难、视力衰退、手足抽搐等症。在20世纪世界环境污染八大公害事件中，光化学烟雾事件便占了5起。

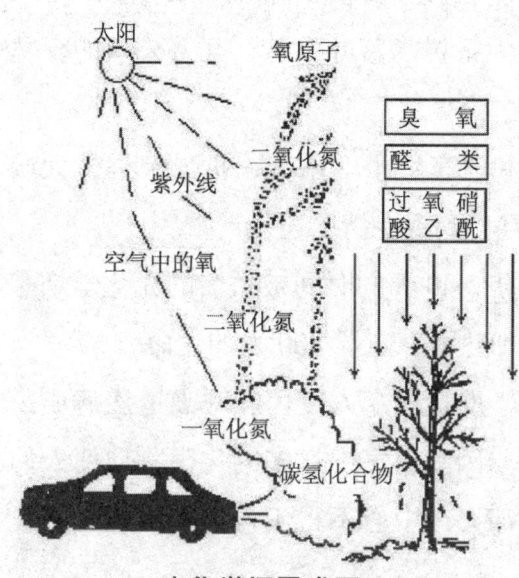

光化学烟雾成因

一般来说，光化学烟雾的浓度只要达到千万分之几，就能强烈地刺激眼睛、气管、肺部，使人感到眼痛、头痛、呼吸困难甚至昏倒。如果它同硫酸烟雾联合起来向我们进攻，那毒性和危害就更大。

光化学烟雾还会使禽畜和庄稼生病，橡胶制品老化，建筑物和机器受腐蚀。就在洛杉矶发生烟雾事件期间，生

日本曾经发生的光化学烟雾事件

长在郊区的蔬菜全部由绿变褐，无人敢吃；水果和农作物减产，仅葡萄一项就少收30%；大批树木落叶发黄，几万公顷的森林1/4以上干枯而死。

随着工业生产的发展和汽车数量的增多，世界上许多大城市都发生过这类事件，而且直到现在情况还很严重。

在希腊雅典，每年大约有40天的时间被致命的光化学烟雾所笼罩。1988年夏，烟雾加热浪夺走了800人的生命。

墨西哥城大气污染的严重状况令人震惊。呼吸道疾病成了这个城市居民死亡的主要原因。空气中过多的化学物质使人们日夜都感到眼睛和喉咙疼痛，市中心不得不设立街头氧气室以供行人吸用。

1990年，罗马尼亚距布加勒斯特东北320千米的小科普沙市被列为世界上污染最严重的城市。到过那里的人说："一切景物都是黑的，到处都是灰、污染和烟。人们洗完脸后不到5分钟，皮肤马上就会沾满油污。吃饭必须很快，否则食物也会变脏。"

我国是一个以煤炭为主要能源的国家，大气中的绝大部分污染物是由烧煤产生的。全国每年排放二氧化硫1520万吨，颗粒物2230万吨，二氧化碳5.2亿吨，是世界上废气排放量最多的国家之一。

联合国环境计划署和世界卫生组织1988年联合提出一份报告中说，在全世界补充调查的54个城市中，二氧化硫污染最严重的城市是沈阳、德黑兰、汉城（今首尔）和西安，颗粒物污染

环境

最严重的城市是德黑兰、西安和沈阳。这就是说，沈阳、西安这两个集古代和现代文化于一身的世界著名大城市，如今已被列入全球大气污染最严重的10个大城市之中，难道我们还能掉以轻心吗？

"空中死神"——酸雨 1971年9月23日晚，十几个行人匆匆赶路，经过东京代代木车站附近时，天正下着蒙蒙细雨。真怪，这雨似乎跟平常的雨不同，飘进眼睛会感到刺痛，落到手臂上觉得好像被小虫"蜇"了一样。这到底是怎么回事呢？

科学家忙碌起来了，他们又是采样化验，又是分析研究，终于发现，原来是这种雨水里含有某些刺激性物质，表现出明显的酸性，于是人们就把这种雨起名为"酸雨"。大气中的二氧化硫、三氧化硫和氮氧化物与雨雪作用形成硫酸和硝酸，再随雨雪降落到地面就成为酸雨。

酸雨 pH 值范围

其实，酸雨并不是日本的特产，也不是到20世纪70年代才有。早在19世纪中叶，英国一位化学家就发现，曼彻斯特地区下的雨有时呈酸性，而且这种酸性同大气中越来越多的污染

物有关。问题提出来了，但没有引起人们注意。

1926年，挪威淡水渔业观察者报道，新孵化的鲑鱼出现突然死亡的现象，与地面上的酸性有联系。进入20世纪50年代，瑞典气象学家又发现，北欧地区下的雨经常是酸性的。再进一步，美国的东北部工业区和加拿大的部分地区也出现了天降酸雨的现象。

正是在这种情况下，在1972年斯德哥尔摩召开的联合国人类环境会议上，瑞典代表第一个把酸雨作为一个国际性的环境问题提了出来。

但是，几十年过去了，现在酸雨污染日益严重，范围不断扩大，从北欧扩展到中欧、东欧，从北美扩展到南美，从亚洲扩展到非洲，不仅工业发达国家有酸雨问题，发展中国家也有。

调查研究证明，酸雨是随着大工业的兴起降临人间的。现在世界上很多地区降水的含酸量，要比100多年前未受污染的雨水含酸量高出几十、几百甚至几千倍。曾测得加拿大南部降落的酸雨比西红柿汁还酸，美国弗吉尼亚州惠林地区酸雨的酸度甚至远远超过了醋酸。

环保宣传画

环 境

天上落下来的雨雪本来应该是中性，即使熔解了一点二氧化碳，那酸性也很小，不会给我们带来什么危害。那么酸雨里的"酸"又是从哪儿来的呢？

酸雨也是大气污染的产物。它的形成过程比较复杂，各地区酸雨的组成和成因不尽相同。

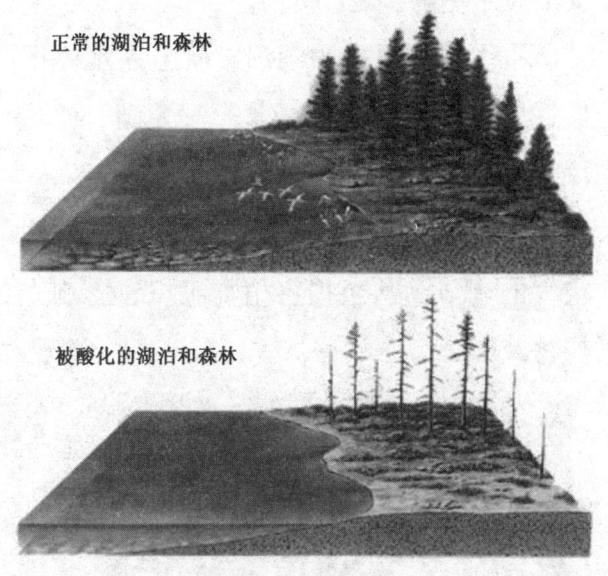

正常的湖泊和森林

被酸化的湖泊和森林

污染前后的对比

一般来说，燃烧煤炭、石油生成的二氧化硫和氮氧化合物，在酸雨形成的过程中扮演了主要的角色。它们进入大气后，在阳光、水汽、飘尘的作用下，发生一系列的化学反应，生成硫酸、硝酸或硫酸盐、硝酸盐的微滴，飘落在空中，以后遇到降雨降雪，随着一起落下，就成为酸雨或酸雪。你想，这些酸都是强酸，一旦混进雨雪里，雨雪还能不酸吗？

酸雨会给我们造成很多的危害。

酸雨落进湖里，时间一久，湖水就会变酸，而且越来越酸。开始是某些浮游生物、软体动物消失不见，无脊椎动物大大减少，不少鱼类的卵不能孵化。然后是绝大多数的鱼类也都消失，微生物的活动受到影响，水质严重恶化。最后生机盎然的湖泊

变成死水一潭。

那些酸度很高的湖泊，看上去水体很洁净，简直像水晶一般透明，但实际上已经是个"死湖"，是个没有生命的"水中坟墓"。

酸雨会降低土壤肥效，破坏土壤结构，妨碍土壤中水分和空气的调节，甚至损害植物组织，影响光合作用，使大多数农作物减产。

酸雨对森林的破坏

森林更深受酸雨之苦。酸雨降落到"林海"里，树叶直接受害，林地养分丧失，有害有毒元素趁机作恶，林木生长变慢直到干枯死去。

德国人把酸雨称作"绿色的鼠疫"，因为在德国，至少有一半的森林受酸雨之害。德国人常自豪地称自己的国家为"黑森林王国"，可是由于酸雨肆虐，现在黑森林已变成了黄森林，墨绿的树叶泛黄脱落，好多树冠完全脱光，只剩下光秃秃的枝丫，在凄风苦雨中呻吟挣扎。

环境

酸雨还会加速大部分建筑材料的侵蚀，严重破坏历史文物和古迹。

已有 2000 多年历史的雅典古城堡是希腊民族的象征和骄傲，几乎全部用洁白的大理石建成，在长年累月的侵蚀下，酸雨已使精美的浮雕、神像变得面容憔悴，污头垢面，斑驳模糊，完全失去了昔日的光彩。

酸性的雨水也使意大利威尼斯的古建筑和部分艺术珍品严重

酸雨腐蚀的雕像

酸雨的腐蚀

受损，使印度著名的泰姬陵出现剥落现象，使英国圣保罗教堂的石料被蚀 3 厘米。联邦德国每年因各地纪念碑受腐蚀就要损失数百万欧元。

经过 60 年，德国的这座雕像已经彻底被酸雨毁坏了

虽说我国天降酸雨还不甚厉害，但它造成的危害已相当严重，给当地的生态环境带来不良影响。

凡此种种，使酸雨得到了一个很不好听的坏名称——"空中死神"。

8. 臭氧洞是怎么一回事

臭氧是一种不稳定的具有特殊"新鲜"气味的气体，在常温下呈浅蓝色，具有很强的氧化能力，杀菌作用快、效果好，而且有去除色、味的特点。

臭氧主要集中在距地面20～30千米的平

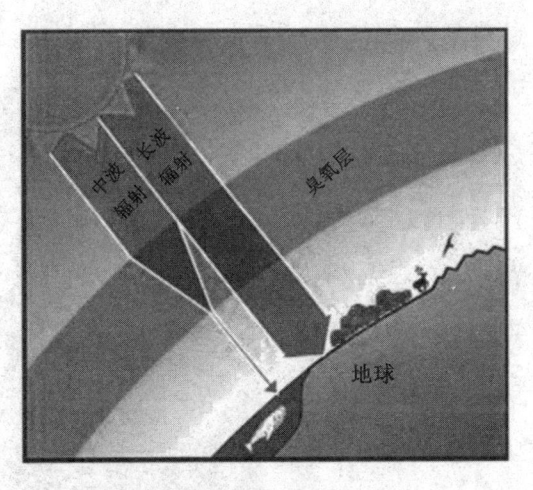

臭氧层的作用

流层里。臭氧层在天空中就像一道天然屏障一样，能阻止太阳辐射中的紫外线，使地球上的万物生灵免遭紫外线的伤害，被誉为地球的保护伞。

臭氧层一旦遭到破坏，太阳紫外线到达地面的辐射就会增强，使人类皮肤癌和白内障的发病率上升；紫外线增强还会导致自然界生态系统的失调和气候的改变，危害农作物和海洋生物的生长繁殖。

按照科学家的说法，原始生命诞生在海洋里，以后直到大气层中逐步形成了臭氧层，生命才得以离开海洋，开始浩浩荡荡地向陆地进军。

可是，经过亿万年的漫长岁月才形成的臭氧层，如今却正遭到人类活动的破坏。

1985年5月，英国南极考察队的科学家首次报道，他们在南极上空发现了一个巨大的臭氧层"空洞"。所谓"洞"，只是臭氧的含量比正常水平要少得很多。

南极的臭氧洞是季节性的，每年春天出现，洞的臭氧含量迅速减少40%~50%，直到来年夏天才重新闭合。这个"洞"每年都在改变位置，面积在不断扩大。1988年，南极臭氧洞大到了吓人的程度，并向有人居住的南美大陆的南端扩展，面积有北美洲那么辽阔，深度相当于珠穆朗玛峰的高度。科学家们说，如果再不采取措施制止情况进一步恶化，南极臭氧恐怕就再也封闭不起来了。

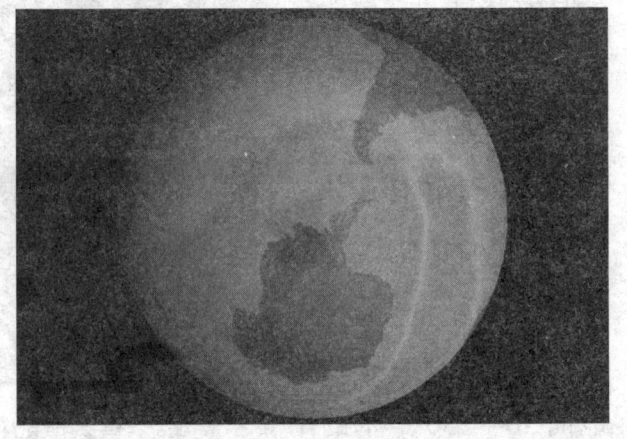

南极上空的臭氧层空洞

1987年，原联邦德国的科学家发现在北极上空也有类似的臭氧洞。

环境

两极臭氧洞的发现震动了全世界，引起社会公众的广泛关注。不久人们就得知，不仅南北极，全球各处都出现了臭氧层被破坏的现象。

绝大多数科学家认为，破坏臭氧层的"元凶"是人类活动排放到大气里去的氯氟烃。

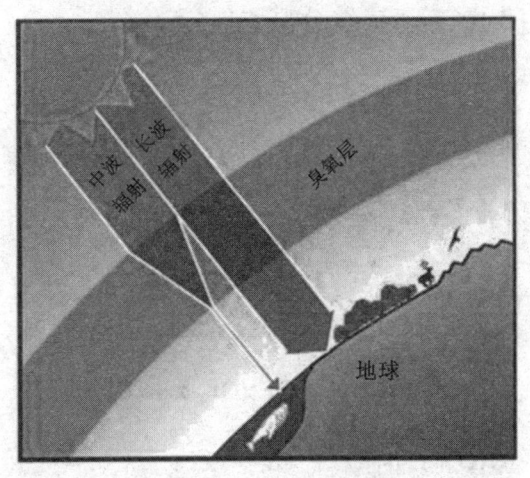

保护臭氧层，人人有责

氯氟烃是由人工制造出来的一类含碳、氟、氯等元素的有机化合物，品种很多，在制冷剂、喷雾剂、发泡剂、清洗剂等方面得到了广泛的应用。从冰箱、空调机、汽车到硬质薄膜、软垫家具，从计算机到灭火器，从工业生产到家庭生活，许多场合都要用到，全世界的年产量已超过百万吨。

在使用氯氟烃过程中，免不了会排放到大气中。由于它的化学性质稳定，可以在大气中长期存在，所以能够通过对流进入大气平流层。

进入平流层的分子，在强烈紫外线的照射下，会裂解生成游离的氯原子。氯原子非常活泼，在它的参与下，一个臭氧分子和一个氧原子可以变成两个氧分子，而氯原子却依然如故，只是起到了"催化"的作用。这样，一个氯原子就大约能破坏

掉10万个臭氧分子。

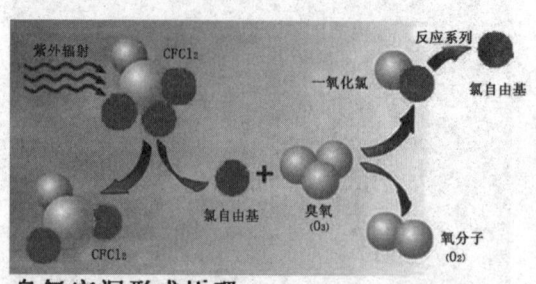

臭氧空洞形成原理：
$$CF_xCl_{4-x} + hv \rightarrow CF_xCl_{3-x} + \cdot Cl$$
$$\cdot Cl + O_3 \rightarrow ClO + O_2$$
$$ClO + O_2 \rightarrow O + \cdot Cl$$

臭氧空洞形成原理

有人可能会说，现在臭氧层中的臭氧总共不过减少了百分之几，这算得了什么呢？

可别小看这百分之几！臭氧层本来就很薄，浓度也很稀，一旦遭到了破坏，或者在"保护伞"上开了个"天窗"，或者使"天然屏障"变得更加稀薄，结果就会有更多的有害紫外线到达地面，给我们人类和地球上的其他生物带来严重威胁。

过量而长久的紫外线照射，会影响植物的光合作用，使农作物受到伤害，有的质量变坏，有的产量下降。科学家们说，由于臭氧的减少和温室效应的增强，世界上将有1/4的植物物种灭绝，1%的农作物得不到收成。

微生物和水生生物对紫外线辐射最敏感，紫

紫外线的危害

外线能对20米深水体范围内的浮游生物、鱼虾幼体、贝类等造成危害。而大量浮游生物的死亡，又会使海洋里那些靠吃浮游生物过活的鲸、海狮、鱼虾以及其他海洋生物难以为生，这样就破坏了海洋水域的生态平衡。

人们尤其关心紫外线对人体健康的影响。过量的太阳紫外线照到人体上，首先会损伤人的皮肤，使人面容憔悴，出现晒斑，加速衰老，并有害于人的呼吸系统。

紫外线会抑制人体免疫功能，造成免疫系统失调，降低抗病能力，使艾滋病、疱疹、麻风病等传染病得以加速传播，最大的危险是皮肤癌和白内障的增多。

1991年底，由于南极臭氧洞的出现，智利最南部的城市发现许多羊有短暂失去视觉的现象。学校老师也报告说，当地小学生也出现皮肤过敏和不寻常的阳光烧伤的现象。

人类挽救臭氧层漫画

目前全世界每年死于皮肤癌的患者大约有 10 万人，患白内障的人更多。科学家说，臭氧层的臭氧含量每减少 11%，太阳紫外线的辐射量就会增加 2%，皮肤癌的发病率将增加 5%~7%，白内障患者将增加 0.2%~0.6%。

联合国环境规划署提出警告：如果臭氧层继续按照目前的速度减少变薄，那么到 2010 年，全世界皮肤癌患者的比例将增加 26%，达到 30 万人；如果本世纪初叶臭氧再减少 10%，那么全世界每年患白内障的人有可能达到 160 万~175 万。

看到这里，你不觉得有点触目惊心吗？

环境

9. 怎样治理大气污染

减少或控制大气污染物的排放 大气污染是由污染源排放污染物造成的，控制大气污染物的来源是控制大气污染的关键。

减少或控制大气污染物的排放量一般有两种方法，即浓度控制和总量控制。浓度控制是使排出废气中的有毒和有害成分降低到规定标准以下，这对于控制污染源密集度低和污染程度较轻的地区是一种基本手段。总量控制是对整个地区排放的污染物总量加以限定，从而达到改善大气环境的手段，这对于污染严重和污染源较集中的地区是一种有效的方法。

为了实现大气污染的控制，可根据污染源和污染物的特性，采取不同的具体措施，如改变能源结构、进行技术革新、改进生产工艺等，使大气污染控制到最低限度。随着科学技术的发展，一些新型的无污染能源有望得到利用，这将会完全改善大气质量。

合理的城市和工业布局及规划 为了控制大气污染，改善生存环境，一座城市的建设必须有一个长远的规划。

从环境保护角度出发，在城市规划和布局上应从这几个方

面考虑。

（1）地理因素。在一些易形成逆温层的谷地和盆地地区，不宜把工业区建在这些地方。

（2）风向。一个城市工厂应布置在盛行风的下风向，而居民区则建在上风向。

（3）工业区不宜集中。因污染物排放量过大将影响被稀释和扩散的速度。

发展植树绿化　植树绿化不仅可以美化环境，而且还可吸滤各种毒气、截留粉尘、净化空气，起到保护大气环境的作用。因此，应把植树绿化作为改善大气质量的一种基本途径。

环 境

10. 什么是水污染

水是一种宝贵的自然资源。人类生活、工业生产、农业灌溉，都离不开水。一般说来，人类要维持生命，每人每天最少需要5升水，可以说，没有水人类就无法生存。

水污染

什么是水污染泥？在环境学领域，有一个重要名词叫"水体"，它包括我们平时所说的水，另外，还把水中的悬浮物、溶解物、水生生物和底泥都作为水体的组成部分来看。

水污染，即水体因某种物质的介入，而导致其化学、物理、生物或者放射性等方面特征的改变，从而影响水的有效利用，危害人体健康或者破坏生态环境，造成水质恶化的现象。

水的污染有两类：一类是自然污染；另一类是人为污染。当前对水体危害较大的是人为污染。

水污染可根据污染杂质的不同而主要分为化学性污染、物理性污染和生物性污染三大类。

化学性污染 化学性污染根据具体污染杂质可分为六类。

（1）无机污染物质。污染水体的无机污染物质有酸、碱和一些无机盐类。酸碱污染使水体的 pH 值发生变化，妨碍水体自净作用，还会腐蚀船舶和水下建筑物，影响渔业。

（2）无机有毒物质。污染水体的无机有毒物质主要是重金属等有潜在长期影响的物质，主要有汞、镉、铅、砷等元素。

（3）有机有毒物质。污染水体的有机有毒物质主要是各种有机农药、多环芳烃、芳香烃等。它们大多是人工合成的物质，化学性质很稳定，很难被生物所分解。

（4）需氧污染物质。生活污水和某些工业废水中所含的糖类、蛋白质、脂肪和酚、醇等有机物质可在微生物的作用下进行分解。在分解过程中需要大量氧气，故称之为需氧污染物质。

（5）植物营养物质。主要是生活与工业污水中的含氮、磷等植物营养物质，以及农田排水中残余的氮和磷。

漂浮在海面的石油

（6）油类污染物质。主要指石油对水体的污染，尤其海洋采油和油轮事故污染最甚。

物理性污染

（1）悬浮物质污染。悬浮物质是指水中含有的不溶性物质，包括固体物质和泡沫塑料等。它们是由生活污水、垃圾和采矿、采石、建筑、食品加工、造纸等产生的废物泄入水中或农田的水土流失所引起的。悬浮物质影响水体外观，妨碍水中植物的光合作用，减少氧气的溶入，对水生生物不利。

水上的悬浮物质

（2）热污染。来自各种工业过程的冷却水，若不采取措施，直接排入水体，可能引起水温升高、溶解氧含量降低、水中存在的某些有毒物质的毒性增加等现象，从而危及鱼类和水生生物的生长。

（3）放射性污染。由于原子能工业的发展，放射性矿藏的开采，核试验和核电站的建立以及同位素在医学、工业、研究等领域的应用，使放射性废水、废物显著增加，造成一定的放射性污染。

生物性污染 生活污水，特别是医院污水和某些工业废水

污染水体后，往往可以带入一些病原微生物。例如某些原来存在于人畜肠道中的病原细菌，如伤寒、副伤寒、霍乱细菌等都可以通过人畜粪便的污染而进入水体，随水流动而传播。一些病毒，如肝炎病毒、腺病毒等也常在污染水中发现。某些寄生虫病，如阿米巴痢疾、血吸虫病、钩端螺旋体病等也可通过水进行传播。防止病原微生物对水体的污染也是保护环境，保障人体健康的一大课题。

水体污染影响工业生产、增大设备腐蚀、影响产品质量，甚至使生产不能进行下去。水的污染，又影响人民生活，破坏生态，直接危害人的健康，损害很大。

危害人的健康 水污染

饮用污染水生病的儿童

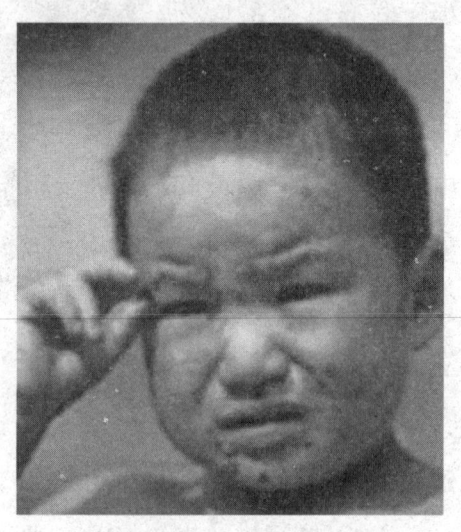

后，通过饮水或食物链，污染物进入人体，使人急性或慢性中毒。砷、铬、铵类、苯并芘等，还可诱发癌症。被寄生虫、病毒或其他致病菌污染的水，会引起多种传染病和寄生虫病。

重金属污染的水，对人的健康均有危害。被镉污染的水、食物，人饮食后，会造成肾、骨骼病变，摄入硫酸镉20毫克，就会造成死亡。铅造成的中毒，引起贫血，神经错乱。六价铬有很大毒性，引起皮肤溃疡，还有致癌作用。饮用含砷的水，会发生急性或慢性中毒。砷使许多酶受到抑制或失去活性，造

环 境

成机体代谢障碍，皮肤角质化，引发皮肤癌。有机磷农药会造成神经中毒，有机氯农药会在脂肪中蓄积，对人和动物的内分泌、免疫功能、生殖机能均造成危害。稠环芳烃多数具有致癌作用。氰化物也是剧毒物质，进入血液后，与细胞的色素氧化酶结合，使呼吸中断，造成呼吸衰竭窒息死亡。

我们知道，世界上80%的疾病与水有关。伤寒、霍乱、胃肠炎、痢疾、传染性肝炎是人类五大疾病，均由水的不洁引起。

对工农业生产的危害 水质污染后，工业用水必须投入更多的处理费用，造成资源、能源的浪费，食品工业用水要求更为严格，水质不合格，会使生产停顿。这也是工业企业效益不高，质量不好的因素。

农业使用污水，使作物减产，品质降低，甚至使人畜受害，大片农田遭受污染，降低土壤质量。

水的富营养化的危害 在正常情况下，氧在水中有一定溶解度。溶解氧不仅是水生生物得以生存的条件，而且氧参加水中的各种氧化——还原反应，促进污染物转化降解，是天然水体具有自净能力的重要原因。

含有大量氮、磷、钾的生活污水的排放，大量有机

水污染使鱼大量死亡

物在水中降解放出营养元素，促进水中藻类丛生，植物疯长，使水体通气不良，溶解氧下降，甚至出现无氧层。以致使水生植物大量死亡，水面发黑，水体发臭形成"死湖""死河""死海"，进而变成沼泽。这种现象称为水的富营养化。富营养化的水臭味大、颜色深、细菌多，这种水的水质差，不能直接利用，水中鱼大量死亡。

环境

11. 怎样防治水污染

当前我国的水污染情况十分严重,要解决我国的水污染问题要从多方面着手综合考虑,经过坚持不懈的努力。其对策措施有:

减少耗水量 当前我国的水资源的利用,一方面感到水资源紧张,另一方面浪费又很严重。同工业发达国家相比,我国许

国家节水标志

污水处理厂

多单位产品耗水量要高得多。耗水量大，不仅造成了水资源的浪费，而且是造成水环境污染的重要原因。

通过企业的技术改造，推行清洁生产，降低单位产品用水量，一水多用，提高水的重复利用率等，都是在实践中被证明了是行之有效的。

我国的工农业和生活用水的节约潜力不小，需要抓好节水工作，减少浪费，达到降低单位国民生产总值的用水量。

建立城市污水处理系统 为了控制水污染的发展，工业企业还必须积极治理水污染，尤其是有毒污染物的排放必须单独处理或预处理。随着工业布局、城市布局的调整和城市下水道管网的建设与完善，可逐步实现城市污水的集中处理，使城市污水处理与工业废水治理结合起来。

产业结构调整 水体的自然净化能力是有限的，合理的工业布局可以充分利用自然环境的自然能力，变恶性循环为良性循环，起到发展经济，控制污染的作用。

关、停、并、转那些耗水量大、污染重、治污代价高的企业。也要对耗水大的农业结构进行调整，特别是干旱、半干旱地区要减少水稻种植面积，走节水农业与可持续发展之路。

控制农业面源污染 农业面源污染包括农村生活源、农业面源、畜禽养殖业、水产养殖的污染。要解决面源污染比工业污染和大中城市生活污水难度更大，需要通过综合防治和开展生态农业示范工程等措施进行控制。

开发新水源 南水北调工程的实施，对于缓解山东华北地区严重缺水有重要作用。修建水库、开采地下水、净化海水等可缓解日益紧张的用水压力，但修建水库、开采地下水时要充分考虑对生态环境和社会环境的影响。

加强水资源的规划管理 水资源规划是区域规划、城市规划、工农业发展规划的主要组成部分，应与其他规划同时进行。

合理开发还必须根据水的供需状况，实行定额用水，并将地表水、地下水和污水资源统一开发利用，防止地表水源枯竭、地下水位下降，切实做到合理开发、综合利用、积极保护、科学管理。

利用市场机制和经济杠杆作用，促进水资源的节约化，促进污水管理及其资源化。为了有效地控制水污染，在管理上应从浓度管理逐步过渡到总量控制管理。

12. 什么是土壤污染

土壤是指陆地表面具有肥力、能够生长植物的疏松表层，其厚度一般在2米左右。土壤不但为植物生长提供机械支撑能力，并能为植物生长发育提供所需要的水、肥、气、热等肥力要素。

近年来，由于人口急剧增长，工业迅猛发展，固体废物不断向土壤表面堆放和倾倒，有害废水不断向土壤中渗透，大气中的有害气体及飘尘也不断随雨水降落

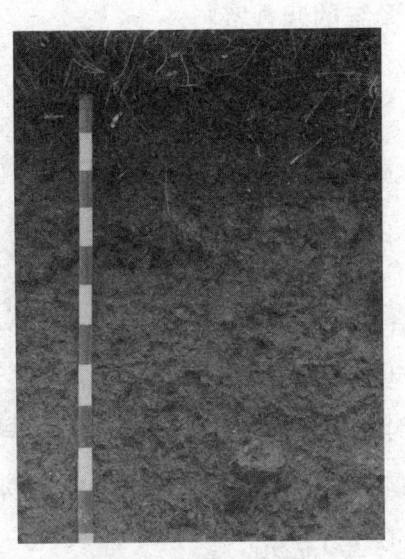

土壤

在土壤中，导致了土壤污染。凡是妨碍土壤正常功能，降低作物产量和质量，还通过粮食、蔬菜、水果等间接影响人体健康的物质，都叫作土壤污染物。土壤污染物的来源广、种类多，大致可分为无机污染物和有机污染物两大类。

无机污染物主要包括酸，碱，重金属（铜、汞、铬、镉、镍、

铅等）盐类，放射性元素铯、锶的化合物、含砷、硒、氟的化合物等。有机污染物主要包括有机农药、酚类、氰化物、石油、合成洗涤剂以及由城市污水、污泥及厩肥带来的有害微生物等。

土壤污染有很大的危害，大致可以从以下几方面说明。

土壤污染导致严重的直接经济损失 土壤污染会使得农作物受到污染，以至于农产品减产。对于各种土壤污染造成的经济损失，目前尚缺乏系统的调查资料。

仅以土壤重金属污染为例，全国每年就因重金属污染而减产粮食1000多万吨，另外被重金属污染的粮食每年也多达1200万吨，合计经济损失至少200亿元。

珠江三角洲土壤受到重金属污染

土壤污染导致生物品质不断下降 我国大多数城市近郊土壤都受到了不同程度的污染，有许多地方粮食、蔬菜、水果等食物中镉、铬、砷、铅等重金属含量超标和接近临界值。

土壤污染除影响食物的卫生品质外，也明显地影响到农作物的其他品质。

有些地区污灌已经使得蔬菜的味道变差，易烂，甚至出现

环 境

难闻的异味；农产品的储藏品质和加工品质也不能满足深加工的要求。

土壤污染危害人体健康 土壤污染会使污染物在植（作）物体中积累，并通过食物链富集到人体和动物体中，危害人畜健康，引发癌症和其他疾病等。

土壤污染导致其他环境问题 土地受到污染后，含重金属浓度较高的污染表土容易在风力和水力的作用下分别进入到大气和水体中，导致大气污染、地表水污染、地下水污染和生态系统退化等其他次生生态环境问题。

13. 怎样防治土壤污染

对于土壤污染，必须贯彻"以防为主，防治结合"的环保方针。首先要控制和消除污染源。同时看到土壤具有强大的净化能力，在防治土壤污染时应充分利用这一特点。

控制和消除土壤污染源 控制和消除土壤污染源，是防止污染的根本措施。土壤对污染物所具有的净化能力相当于一定的处理能力。控制土壤污染源，即控制进入土壤中的污染物的数量和速度，通过其自然净化作用而不致引起土壤污染。

工业废渣造成土壤污染

（1）控制和消除工业"三废"排放。大力推广闭路循环、无毒工艺，以减少或消除污染物的排放。对工业"三废"进行

环 境

回收处理，化害为利。对所排放的"三废"要进行净化处理，并严格控制污染物排放量和浓度，使之符合排放标准。

（2）加强土壤污灌区的监测和管理。对污水进行灌溉的污灌区，要加强对灌溉污水的水质监测，了解水中污染物质的成分、含量及其动态，避免带有不易降解的高残留的污染物随水进入土壤，引起土壤污染。

（3）合理施用化肥和农药。禁止或限制使用剧毒、高残留性农药，大力发展高效、低毒、低残留农药，发展生物防治。例如禁止使用虽是低残留，但急性、毒性大的农药。禁止使用高残留的有机氯农药。根据农药特性，合理施用，制订使用农药的安全间隔期。采用综合防治措施，既要防治病虫害对农作物的威胁，又要把农药对环境和人体健康的危害限制在最低程度。

施肥

（4）增加土壤容量和提高土壤净化能力。增加土壤有机质含量、砂掺黏改良性土壤，以增加和改善土壤胶体的种类和数量，增加土壤对有害物质的吸附能力和吸附量，从而减少污染物在土壤中的活性。发现、分离和培养新的微生物品种，以增强生

物降解作用，是提高土壤净化能力的极为重要的一环。

（5）建立监测系统网络。定期对辖区土壤环境质量进行检查，建立系统的档案资料，要规定优先检测的土壤污染物和检测标准方法，这方面可参照有关参照国际组织的建议和我国国情来编制土壤环境污染的目标，按照优先次序进行调查、研究及实施对策。

防治土壤污染的措施

（1）施加改良剂。施加改良剂的主要目的是加速有机物的分解和使重金属固定在土壤中，如添加有机质可加速土壤中农药的降解，减少农药的残留量。

施用重金属吸收抑制剂（改良剂），即向土壤施加改良抑制物（如石灰、磷酸盐、硅酸钙等），使它与重金属污染物作用生成难溶化合物，降低重金属在土壤及土壤植物体内的迁移能力。这种方法起到临时性的抑制作用，时间过长会引起污染物的积累，并在条件变化时重金属又转成可溶性，因而只在污染较轻地区尚能使用。

（2）控制土壤氧化—还原状况。控制土壤氧化—还原条件，也是减轻重金属污染危害的重要措施。据研究，在水稻抽穗到成熟期，无机成分大量向穗部转移，淹水可明显地抑制水稻对镉的吸收，落干则促进水稻对镉的吸收。

重金属元素均能与土壤中的硫化氢反应生成硫化物沉淀。因此，加强水浆管理，可有效地减少重金属的危害。但砷相反，随着土壤氧化—还原电位的降低而毒性增加。

环　境

（3）改变耕作制度。通过土壤耕作改变土壤环境条件，可消除某些污染物的危害。旱田改水田，DDT和六六六在旱田中的降解速度慢，积累明显；在水田中DDT的降解速度加快，利用这一性质实行水旱轮作，是减轻或消除农业污染的有效措施。

水旱轮作

14. 什么是白色污染

所谓"白色污染"，是人们对塑料垃圾污染环境的一种形象称谓。它是指用聚苯乙烯、聚丙烯、聚氯乙烯等高分子化合物制成的各类生活塑料制品使用后被弃置成为固体废物，由于随意乱丢乱扔并且难于降解处理，以致造成城市环境严重污染的现象。

城市塑料垃圾的消耗量、废弃量十分惊人。在"白色垃圾"

白色污染

环境

中，污染最明显、最令人头痛、群众反映最强烈的，是那些遍布城市街头的废旧塑料包装袋，一次性塑料快餐具。

白色污染存在两种危害：视觉污染和潜在危害。

视觉污染指的是塑料袋、盒、杯、碗等散落在环境中，给人们的视觉带来不良刺激，影响环境的美感。

白色污染的潜在危害则是多方面的。

对身体的危害
一次性发泡塑料饭盒和塑料袋盛装食物严重影响我们的身体健康。当温度达到65℃时，一次性发泡塑料餐具中的有害物质将渗入到食物中，会对人的肝脏、肾脏及中枢神经系统等造成损害。

超薄塑料袋

我们现在用来装食物的超薄塑料袋一般是聚氯乙烯塑料。早在40年前，人们就发现聚氯乙烯塑料中残留有氯乙烯单体。当人们接触氯乙烯后，就会出现手腕、手指水肿、皮肤硬化等症状，还可能出现脾大、肝损伤等症。

在我国，我们用的超薄塑料袋几乎都来自废塑料的再利用，

是由小企业或家庭作坊生产的。这些生产厂所用原料是废弃塑料桶、盆、一次性针筒等。生产时，首先用机械把原料粉碎成塑料粒子，再把塑料粒子放在一个水池里清洗（名曰消毒），取出来晒干，再用机械把它压成膜，制成各种塑料袋。每次吃饭时，就有不少人用塑料袋装饭菜，他们不知道这种行为不仅危害环境，也危害自己的身体。

破坏土壤环境 使土壤环境恶化，严重影响农作物的生长。我国目前使用的塑料制品的降解时间，通常至少需要200年。农田里的废农膜、塑料袋长期残留在田中，会影响农作物对水分、养分的吸收，抑制农作物的生长发育，造成农作物的减产。若牲畜吃了塑料膜，会引起牲畜的消化道疾病，甚至死亡。

污染地下水 填埋作业仍是我国处理城市垃圾的一个主要方法。由于塑料膜密度小、体积大，它能很快填满场地，降低填埋场地处理垃圾的能力；而且，填埋后的场地由于地基松软，垃圾中的细菌、病毒等有害物质很容易渗入地下，污染地下水，危及周围环境。

危害植物 若把废塑料直接进行焚烧处理，将给环境造成严重的二次污染。塑料焚烧时，不但产生大量黑烟，而且会产生二噁英——迄今为止毒性最大的一类物质。二噁英进入土壤中，至少需15个月才能逐渐分解，它会危害植物；二噁英对动物的肝脏及脑有严重的损害作用。焚烧垃圾排放出的二噁英对环境的污染，已经成为全世界关注的一个极敏感的问题。

环 境

农田里的薄膜

　　另外，由于一次性塑料餐具难降解，现在许多城市都推广使用绿色餐具——纸制餐具，原理是纸制品的组成物纤维素能被微生物降解。但是，用纸制餐具代替发泡塑料餐具亦不明智。首先，纸制餐具同样也会带来视觉上的污染。它们的降解速度并不快，往往在几十天甚至几个月内也不会降解彻底。其次，制纸制餐具时，除用到草浆、稻浆外，还要加入1/3左右的木浆，若全面推广，势必造成大量木材的消耗，导致森林砍伐的加剧。而我国森林覆盖率仅为13.92%，人均占有森林面积只相当于世界人均水平的17.2%。第三，制纸浆历来是耗水大户、耗能大户及排污大户。造浆工艺需要大量水，而我国属于水资源短缺

的国家。若污水未经处理，直接排入河流中，会引起水污染；纸制餐具成型后需立即烘干，这就需要耗大量能源。而我国能源结构是以燃煤为主，这样就会增加空气中二氧化碳的含量，引起酸雨。

环境

15. 怎样防治白色污染

面对现实，科学决策 面对危害日益严重的"白色污染"，我国借鉴国外的治理经验，提出了"回收为主，替代为辅，区别对待，综合防治"的科学决策。

高效能的法制管理，是"白色污染"的防治对策 治理"白色污染"，还要加强和完善立法，控制不能降解的塑料的使用，以阻止白色污染的扩散。

对铁路上的"白色污染"，国家环保总局、铁道部等部门联合发布了《关于维护旅客列车、车站及铁路沿线环境卫生的规定》，要求对列车垃圾进行封装、定点投放，严禁沿途抛扔。对长江航道，国家环保总局、建设部、交通部等则制定了《防止船舶垃圾和沿岸固体废物污染长江水域的管理规定》，禁止向江中抛扔垃圾并要求进行转运处理，此规定已于1998年3月1日起施行。目前，已有2.9万千米的线路两侧基本消除了"白色污染"。实践证明，加强管理是防治"白色污染"的有效手段。

另外，使用高科技手段，也是治理"白色污染"的一项良策：

（1）开发新型可降解的"绿色塑料"，以取代传统的塑料。可降解塑料是通过在塑料中加入一些促进其降解的淀粉、光敏剂、生物降解剂等，使其在一定周期内具有与传统塑料相同的功能，待完成其使用功能后，在自然条件下，其化学结构能够发生重大变化，能够迅速降解，变为水、二氧化碳及其他物质。目前许多国家都在进行生物自毁塑料的开发研究。美国密歇根大学用土豆和玉米为原料，生产出不含有害成分的生物塑料；德国哥丁根大学通过对细菌的特定基因隔离，使植物细胞内部生成聚酯而制成生化塑料；英国还研究用糖培养细菌，然后用这种细菌制成可降解塑料。我国可降解塑料的研究也已经起步。相信经过人们的不懈努力，产生"白色污染"的非降解塑料必将被无公害的可降解的"绿色塑料"所替代。

（2）实现废塑料的转化。由于塑料是石油化工的产物，从化学结构上看，塑料为高分子碳氢化合物，而汽油、柴油则是低分子碳氢化合物。因此，将废塑料转化为燃油是当前研究的重点领域。国外在这方面已经取得了一些可喜的成绩，如日本的富士回收技术公司，利用塑料油化技术，从1千克废塑料中回收0.6升汽油、0.21升柴油和0.21升煤油。他们还投入18亿日元建成再生利用废塑料油化厂，日处理10吨废塑料，再生出1万升燃料油。美国肯塔基大学还发明一种把废塑料转化为燃油的高技术，出油率高达86%。此外，由于塑料在城市固体垃

环境

圾中的能量值最高，因此，不少国家利用废塑料发电。日本在富岛县岩木建成一座废塑料发电厂，日处理废塑料200吨，发电能力为2.5万千瓦，可供1万个家庭用电。

16. 什么是噪声污染

通常认为人们不需要的声音或无价值的声音就是噪声。另外振幅和频率杂乱、断续或统计上无规则的声振动也称为噪声。

噪声

但是，从环境保护的角度来看，确定一种声音是不是噪声，不只考虑声音的物理性质，还要考虑人的生理和心理状态，凡是干扰人们正常工作、学习和休息的声音统称为噪声。

噪声污染是指所产生的环境噪声超过国家规定的环境噪声排放标准，并干扰他人正常工作、学习、生活的现象。日常生活中的噪声强度虽然不会致人或动物于死地，却能危害人的健

环境

康。世界各国都很重视噪声问题，把噪声污染列为主要的环境污染公害之一。

在自然界中，发生地震、火山喷发、雪崩、雷鸣暴风骤雨和海啸等天然噪声，由于时间短或者偶然发生，对人类的影响不大。但人为噪声，是人类的"无形杀手"，时刻在伤害人的肌体，特别是听力和神经系统。噪声污染已引起人们的关注和警惕。

噪声对人体的影响

噪声对人体主要产生两类不良的影响，一是对听觉器官的伤害，二是对神经系统、心血管系统和内分泌系统的损害。

短促的、强烈的噪声，会使人感到刺耳，脱离噪声源后不久，就能恢复。但长期在噪声环境里工作，就会产生听觉疲劳、听觉敏锐性下降，听觉器官发生永久性病变——噪

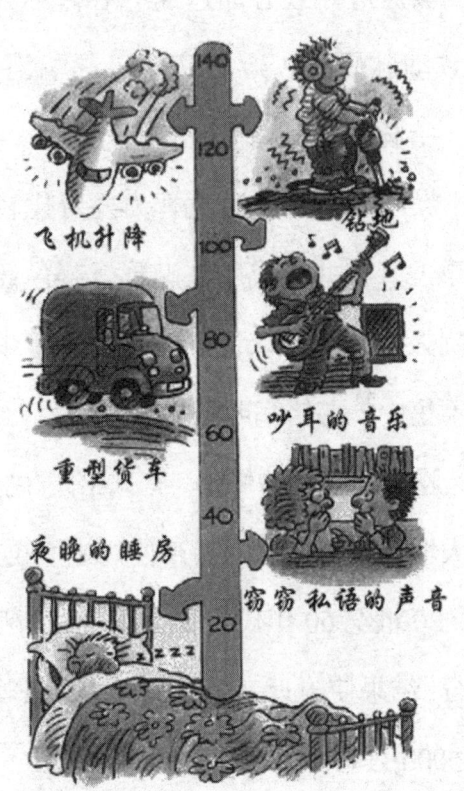

噪声示意图

声性耳聋。

噪声通过人的听觉器官长期作用于中枢神经，可使大脑皮质的兴奋和抑制平衡失调，形成"噪声病"。80~85分贝时，表现为头痛、睡眠不好；90~100分贝时，情绪激动，感到疲劳；100~120分贝时，头晕、失眠、记忆力明显下降；140~145分贝时，耳痛、引起恐惧症。

噪声可导致心动过速、心律不齐、心肌受损、血压升高，导致动脉硬化、冠心病等；影响消化道系统紊乱，胃溃疡和十二指肠溃疡发病率提高。

噪声环境下的儿童智力发育比较缓慢，而且还影响胎儿的体重发育，并造成胎儿畸形。噪声还容易影响人的工作效率，干扰人们的正常谈话。在噪声环境中工作往往使人烦躁、注意力不集中、差错率明显上升。

噪声对动物的影响 有人给奶牛播放轻音乐后，牛奶的产量大大增加，而强烈的噪声使奶牛不再产奶。

20世纪60年代初，美国一种新型飞机进行历时半年的试验飞行，结果使附近一个农场的1万只鸡羽毛全部脱落，不再下蛋，有6000只鸡体内出血，最后死亡。

噪声对建筑物的损害 声音是由于物体发生振动而产生的。振动波在空气中来回运动和振动时，产生了声波。强烈的声波，

环 境

能冲撞任何建筑物。在140分贝以上，会使玻璃破碎、建筑物产生裂缝；在160分贝以上，导致墙体震裂以致倒塌。不仅如此，在建筑物受损的同时，发声体本身也因"声疲劳"而损坏。

17. 怎样防治噪声污染

噪声的防治技术 控制噪声污染的防治技术，主要从三个方面着手。

一是降低噪声源本身的噪声，对空气动力性噪声（如风机、飞机和汽车排气等）、机械性噪声（如车床、织布机和铆锻机等）、冲撞性噪声（如锤打和冲压等），可以分别采用疏通通道、润滑机械和无声液压等技术来降低噪声。

护耳器

二是控制传播途径，采用隔音、消音和吸音的技术，控制噪声扩散。

三是采用个人防护技术，对噪声接受者来说，可以使用防

环境

护用品，如护耳器（耳塞、耳罩和头盔等）。

行政管理措施 我国依靠政府和有关部门颁布法令、法规来控制和防治噪声污染，实施了一系列控制噪声的标准。

我国有许多城市还制定了有关控制噪声污染的规定，例如限制高噪声车辆的行驶区域，禁止在市区使用高音喇叭，在学校、医院附近禁止鸣喇叭，限制飞机起降路线要远离居民密集区，等等。

沈阳市政府的管理措施漫画

合理规划和布局，全面防治噪声污染 我国在防治噪声污染方面，还对城市规划提出了合理规划和布局的规定。

交通噪声污染是城市环境污染的一个主要问题，防治道路交通噪声是城市规划中必须考虑的一个重要方面。例如，建设

公路环城外线，减少过境汽车通过市区中心；拓宽市区马路，建设立交桥；利用地形或地物作屏障，等等。

化害为利，利用噪声为人类服务 噪声污染是一种公害，已经引起人类的共同关注。人们在采取种种措施防治噪声污染的同时，还利用某些噪声为人类服务。

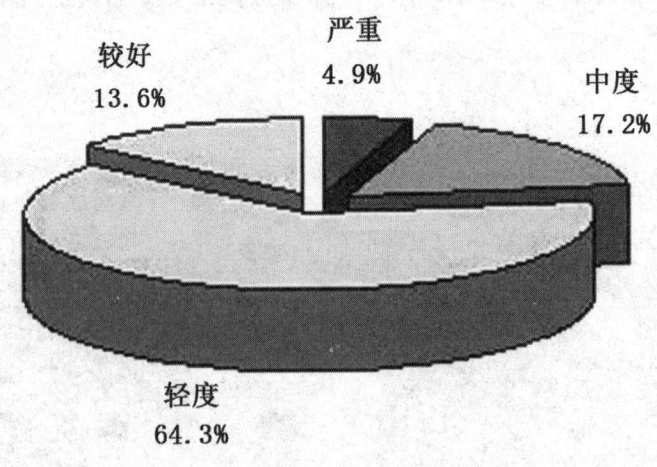

较好 13.6%
严重 4.9%
中度 17.2%
轻度 64.3%

城市道路交通噪声污染程度

例如，有人做了对西红柿植株施放高强噪声（100分贝以上）的试验，发现西红柿植株根、茎、叶表皮的小孔都扩张了，从而很容易把喷洒的营养物和肥料吸收到体内，使西红柿的果实数量多，个头也大。同样对水稻、大豆做了试验，也获得了成功。美国、日本、英国和德国等国的研究人员，针对不同的杂草制造了不同的"噪声除草器"，它们发出各种噪声可以诱发杂草速生。这样，在农作物还没有成长前，就把杂草除掉。还有，

环　境

利用强烈的噪声高速冲击食品时，不仅使食物保持干燥，而且其营养成分也不受到损失。高强的噪声还具有巨大的声能量，是人类将来可以开发和利用的新能源。

18. 什么是光污染

对于人类来说，光和空气、水、食物一样，是不可缺少的。眼睛是人体最重要的感觉器官，人眼对光的适应能力较强，瞳孔可随环境的明暗进行调节。但如果长期在弱光下看东西，视力就会受到损伤。相反，强光轻则可使人眼瞬时失明，重则造成永久伤害。人们必须在适宜的光环境下工作、学习和生活。另一方面，人类活动可能对周围的光环境造成破坏，使原来适直的光环境变得不适直，这就是光污染。光污染是一类特殊形式的污染，它包括可见光、激光、红外线和紫外线等造成的污染。

光污染是继废气、废水、废渣和噪声等污染之后的一种新的环境污染源，主要包括白亮

建筑物的玻璃幕墙

环境

污染、人工白昼污染和彩光污染。光污染正在威胁着人们的健康。

白亮污染 阳光照射强烈时，城市里建筑物的玻璃幕墙、釉面砖墙、磨光大理石和各种涂料等装饰反射光线，明晃白亮、炫眼夺目。

专家研究发现，长时间在白色光亮污染环境下工作和生活的人，视网膜和虹膜都会受到不同程度的损害，视力急剧下降，白内障的发病率高达45%。还使人头昏心烦，甚至发生失眠、食欲下降、情绪低落、身体乏力等类似神经衰弱的症状。

夏天，玻璃幕墙强烈的反射光进入附近居民楼房内，增加了室内温度，影响正常的生活。有些玻璃幕墙是半圆形的，反射光汇聚还容易引起火灾。烈日下驾车行驶的司机会出其不意地遭到玻璃幕墙反射光的突然袭击，眼睛受到强烈刺激，很容易诱发车祸。

人工白昼污染 当夜幕降临后，大酒店、大商场上的广告牌、霓虹灯使人眼花缭乱，有的强光束甚至直冲云霄，使夜晚如同

人工白昼

161

白昼一般。人工白昼对人的身心健康也有不良影响。

由于强光反射，可把附近的居室照得如同白昼，使人夜晚难以入睡，打乱了正常的生物节律，导致精神不振。据国外的一项调查显示，有2/3的人认为人工白昼影响健康，有84%的人反映影响夜间睡眠。为了避免强光刺眼，人们不得不将卧室的窗户封闭，或者装上暗色的窗帘。人工白昼还可伤害昆虫和鸟类，因为强光可破坏夜间活动昆虫的正常繁殖过程。同时，昆虫和鸟类可被强光周围的高温烧死。

彩光污染 现代歌舞厅所安装的黑光灯、旋转活动灯、荧光灯以及闪烁的彩色光源则构成了彩光污染，危害人体健康。

据测定，黑光灯可产生波长为250～320纳米的紫外线，其强度大大高于阳光中的紫外线，人体如长期受到这种黑光灯照射，有可能诱发鼻出血、脱牙、白内障，甚至导致白血病和癌症。这种紫外线对人体的有害影响可持续15～25年。旋转活动灯及彩色光源，令人眼花缭乱，不仅对眼睛不利，而且可干扰大脑中枢

彩光污染

环 境

神经，使人感到头晕目眩，站立不稳，出现头痛、失眠、注意力不集中、食欲下降等症状。歌舞厅的霓虹灯的闪烁灯光除有损人的视觉功能外，还可扰乱人体的内部平衡，使体温、心跳、脉搏、血压等变得不协调，引起脑晕目眩、烦躁不安、食欲不振和乏力失眠等光害综合征。荧光灯照射时间过长会降低人体的钙吸收能力，导致机体缺钙。

目前，光污染虽还未列入环境污染防治范畴，但它的危害显而易见，并在加重和蔓延。光污染已日益引起科学家们的重视，他们正在努力研究预防的方法。人们在生活中也应注意防止各种光污染对健康的危害，避免过多过长时间接触光污染。应积极去创造一个美好舒适的环境，尽量减少光污染的威胁。

19．怎样防治光污染

由于光污染不能通过分解、转化、稀释来消除，因此只能加强预防。这就需要弄清形成光污染的原因和条件，提出相应的防护措施和方法，并制定必要的法律和法规。

正确使用灯光，协调亮度，加强人工光源的有效管理 白天尽量利用自然光线，经常打开窗户，让阳光进入室内。尽量避免受强光的刺激，尤其是婴幼儿更不应该暴露在强光、大功率的日光灯下，以免伤害眼睛。同时，要加强人工光源的有效管理，控制城市灯光的过度使用，避免城市夜晚的白昼化，以免影响天文观测和居民休息。

制定相应的政策和法规，改善不合理的照明条件，减少光污染源 加强对摆放杂乱的货摊、广告、车辆等污染源进行合理规划，做到井井有条。

城市玻璃幕墙带来的危害已经引起了全世界的广泛注意。德国、日本等7个国家已经明令禁止使用玻璃幕墙新技术。

环 境

个人防护措施 对红外线和紫外线的防护措施主要是戴防护眼镜和防护面罩。

光污染的防护镜有反射型防护镜、吸收型防护镜、反射——吸收型防护镜、光电型防护镜、变色微晶玻璃型防护镜等。

防护面罩

可依据防护对象选择相应的防护镜。例如可配戴黄绿色镜片的防护眼镜来预防雪盲和防护电焊发出的紫外光。绿色玻璃既可防护紫外线，又可防护可见光和红外线，而蓝色玻璃对紫外线的防护效果较差，所以在紫外线的防护中要考虑到防护镜的颜色对防护效果的影响。

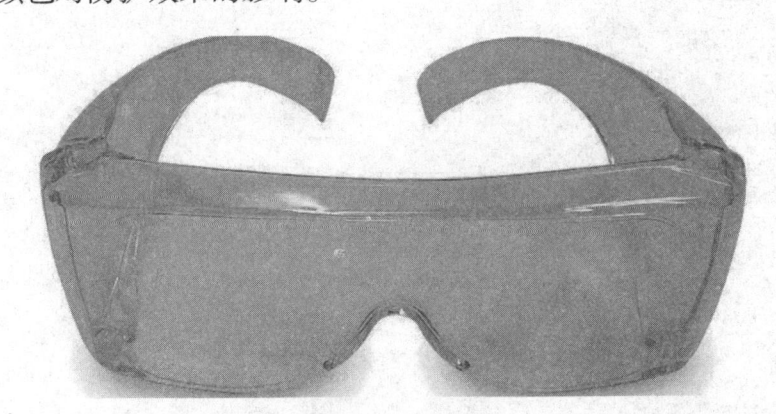

防紫外线眼镜

此外，对有红外线和紫外线污染以及应用激光的场所制定相应的卫生标准并采取必要的安全防护措施，注意张贴警告标志，禁止无关人员进入禁区内。

环　境

20. 室内装修也有污染吗

随着经济的发展，生活水平不断提高，人们要求把自己的家布置得更美观、大方、气派、舒适，因此，近几年兴起了家庭装修热。但是，一些现代化的生活用品及建材家具等对环境也有一定程度的污染，为了保护身体健康，还需科学使用。

新漆家具、门窗等产生苯及苯的同系物污染。一般建筑、门窗所使用的油漆，所用溶剂主要是汽

室内装修

油、松节油、桐油等。由这些溶剂挥发出来的苯，在空气中的浓度平均为6.5毫克/立方米，能引起白细胞偏低，但一般不

会出现苯中毒的情况。高级家具所使用的清喷漆中，苯含量为10%～20%，通过皮肤接触和呼吸，引起白细胞偏低或慢性轻度苯中毒。因此油漆家具、门窗或陈设新家具的居室，必须注意通风。

装修用地板

在自制家具装修时使用的建材，如硬质纤维板、木屑纤维板、胶合板等含有甲醛污染。因为这些板材中含有尿甲醛黏合剂。这些材料在使用中，可以放出甲醛。据测定，每100平方厘米的胶合板，1小时可放出3～18微克甲醛，那么一块1.8米×2.2米的胶合板，1小时就可能放出1.2～7.1毫克的甲醛。大量用木屑纤维板装修的新房内，比已居住5年的旧房内，甲醛浓度要高2～5倍。甲醛对黏膜有强烈的刺激作用，特别是对眼、鼻和呼吸道的刺激作用较强。

室内铺地毯，对人体健康有很多不利。地毯最容易隐藏灰尘，即使是刚经过吸尘器处理的地毯中，也带有很多惊人的尘埃。地毯会发出有害气体，不管是哪种地毯，包括植物纤维的、人工合成纤维的或者动物毛的，在正常情况下都会断落纤维微屑，

环 境

地毯

散入空气中,增加室内空气的污染程度。更严重的是,一到冷天,某些纤维微屑经过暖气、暖炉的加温,很容易改变化学性质,形成一些有害人体的气味。因此,使用地毯应注意这些问题。

21. 空调会污染环境吗

现代许多办公室、居室、文化娱乐场所、车辆等都安装了空调设备,空调设备的使用虽然给人们提供了良好的生活环境,但与此同时也带来了不少新的环境问题,甚至危害人体健康,出现"空调综合征"。

使用空调,为什么会有环境问题和使环境受到污染呢?首先空调设备的制冷剂大部分以氟利昂-11和氟利昂-12为主。由于氟利昂的化学性质稳定,它在挥发、逸入大气中后,在低层大气中基本不分解。但是当它上升到大气平流层时,在紫外线的照射下会生成一种对臭氧有破坏作用的氯原子,这种氯原子使臭氧分解为氧气。每个氯原子可破坏1万个臭氧分子,于是,平流层中的臭氧浓度大幅度减少。

据统计,自20世纪30年代生产氟利昂以来至1975年,全世界共生产1447万吨氟利昂,而释放到大气中的氟利昂竟达1301吨,其中最主要的是氟利昂-11和氟利昂-12。目前全世界氟利昂年产量为180万吨,每年排放氟利昂-11约26万吨,氟利昂-12约42万吨,这样庞大数量的氟利昂排入大气中,对

环境

臭氧层的耗蚀是可想而知的,对环境污染是严重的。

另外,空调设备的种类,目前也是花样繁多,有整体的、分体的、柜式和窗式的,等等,在使用这些空调机时一方面向室内或车内放冷气降低室内的温度,同时也向室外大气中放热,形成热污染,也是造成城市"热岛效应"的祸首之一。再有,空调机在使用时发出的噪声也污染环境,扰得人们心烦意乱,使人们无法休息。尤其是分体的空调机,把舒服留给自己,把噪声送给别人,引起人们的极大不满。

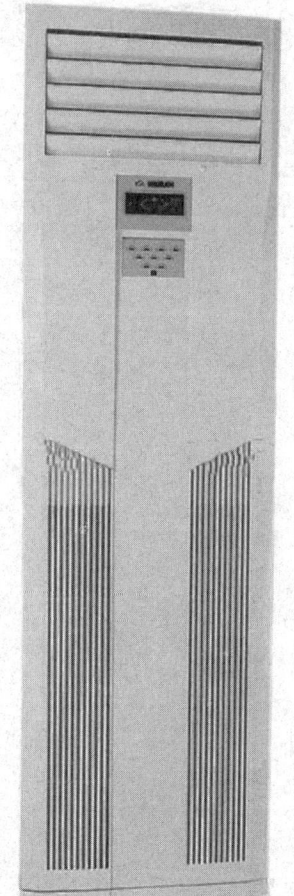

除此以外,长期使用空调机,如使用不当还会使人们患上"空调综合征"。

首先,室内空气经反复过滤后,空气中的负离子数目显著减少。空气中的负离子是大气中的"维生素",有利于人体健康。负离子数的减少,影响了空气的清洁度,影响人体正常的生理活动,造成人体内分泌和自主神经功能紊乱,出现头昏头痛、困倦乏力等症状,因此,全封闭房间内一般应在门旁边安装负离子发生器为好。

其次,空调机内的环境很

分体式空调

适合霉菌和病毒原微生物的孳生和繁殖，医学家们曾多次从空调系统的冷却水中分离出引起急性肺炎的细菌及其他病原体。因此，应每月检查空调机中的过滤膜，发现变脏或孳生细菌和霉菌时，要及时更换，以保持空调的清洁，空调机中的冷却盘每1～2个月要用漂白粉等澄清液清洗和消毒一次。

再次，空调系统可使室内环境条件发生变化，室内外的气温，空气湿度等相差悬殊，当人们从户外进入室内时，皮肤毛细血管突然产生由扩张到收缩的短暂变化过程，若不注意防护，就会引起感冒和中暑等。因此，当夏季出入空调机房间时，必须擦干身上的汗水，及时更换着装。

长期在封闭房间工作的人，要坚持进行适量的户外活动，以自我保健、增强体质。

环境

22. 复印机有什么污染

复印机是办公自动化的工具之一，复印机进入办公室可以节省大量的文印时间和人力。复印机优于其他文印设备的最大特点是"立等可取"的高效率，它没有传统制版排字的程序，

复印机

也不需要校对复核，并可根据用户的需要几秒钟内或原样或缩小、放大印出图纸及文件资料的真迹。随着复印机技术的日臻完善，复印速度越来越快。然而，复印机的广泛使用，给办公室造成的污染也日益突出。

复印机工作时，带高压电的部件与空气发生化学反应，产生臭氧和烟雾状物质；这些物质会影响人的健康。据日本公共健康研究所测定，在连续工作的复印机周围50厘米内的空气中，臭氧浓度超过安全标准两倍多。长期在这种环境里工作，人的眼、喉会产生刺痛感，并能引发支气管炎、肺炎等，使人的免疫力下降。这就是"复印机综合征"。

复印机的另一种有害物质是机内的墨色显影粉。这种显影粉含有多芳烃和硝基芘等，能使人体细胞的正常结构发生变化。在一般情况下，复印机工作时，周围空气中的显影粉浓度还不至于产生危害，但在更换或添加显影粉时其浓度会大大超过安全界限。因此，复印机的危害正日益引起人们的重视。

为减轻复印机带来的污染，要把复印机安置在通风条件较好的房间，并安装排气扇等设施。操作人员要注意自我防护，如通风条件较差，每操作20～25分钟，应到室外休息一会儿再继续操作，在更换和添加显影粉和清除墨粉时，要注意防止

环境

墨粉的扩散。此外，操作人员平时要适当服用维生素 E，以保护细胞生物膜免受氮氧化物的损害。患支气管炎者和孕妇不宜进行复印机操作。

23. 垃圾问题有多严重

垃圾是固体废物的一种。生产越发展，生活越改善，垃圾的数量也越多。据报道，现在全世界每年新增加的垃圾大约是100亿吨，这相当于全世界粮食产量的6倍，钢产量的14倍。

垃圾的分类 主要分工业垃圾和生活垃圾两大类。

（1）生活垃圾。城市是人口的集中地，自然也就成了生活垃圾的"大本营"。特别是那些工业发达国家，进入所谓"大量消费的时代"和"用后即弃的时代"以来，生活垃圾量更是急剧增长，不仅在数量上直线上升，内容上也大有变化。过去生活垃圾的主要成分是厨房里的菜根菜叶、建筑废土石、炉灰、生活废弃物之类，现在则有

生活垃圾

更多的旧家具、废塑料制品、废纸，甚至还有旧汽车、旧电视机、旧洗衣机等。

（2）工业垃圾。比起生活垃圾来，工业垃圾数量更大，更难处理，占地更多，危害有时更严重。

在工业发达国家里，工业垃圾量往往是生活垃圾量的10倍。

堆放工业垃圾不仅侵占土地，污染环境，而且常常酿成坍塌、滑坡、火灾等事故。

工业垃圾

不过，如同生活垃圾一样，工业废渣也不都是废物，比如煤灰和炉渣，现在已被广泛用作建筑、铺路材料，用于制作肥料和改良土壤，用来提取有用的乃至稀贵的金属元素。

各国解决垃圾问题　垃圾问题严重到如此程度，以致被许多国家认为是当前最难处理的城市环境问题之一。各国都在为解决垃圾问题制定对策。

比利时、丹麦、瑞典、瑞士、意大利、荷兰等国公布了处理垃圾的法律，法国提出处理废料的22项措施，日本决定在全国建立垃圾废物利用中心，德国为建设无垃圾社会而努力。

为了摆脱日益严重的垃圾危机，一些国家的城市市政当局

更是千方百计,"妙招"迭出。

在泰国首都曼谷,规定小孩子如有轻微违法行为,就让他拣一袋垃圾作为处罚,这样既处罚了少年违法者,又减少了街道的垃圾污染。

加拿大的普罗维斯堡市政府在一处市民常来休息的地方修建了一个浴池,到这里来洗澡的人不用花钱,只需在大街上捡来一定数量的垃圾。这是用鼓励的办法来搞好环境卫生。

日本东京曾经举办了全球首次大规模的"垃圾节",展出大批从垃圾里拣来的完好无损的物品,任由参观者免费拿走。通过这项活动,目的是唤醒市民要勤俭节约,减少浪费。

颇具幽默感的英国人,曾经在伦敦南面的佩卡姆开办一个垃圾展览馆,展品中有用电话线制作的南非滚木球,用饼干包装纸制作的埃及地席,用灭虫剂喷筒制作的印度粉具,用琴键制作的项圈等。一位展览馆的工作人员说:"废物是人为的概念。自然界是没有废物的。它之所以是垃圾,只是因为我们把它扔掉了。"

根据同样的目的,美国的佛罗里达州也办了一家特别的儿童乐园。乐园里的所有游乐设施都是用从垃圾里挑出来的废品制作的,而且制作得很精巧,很有水平,孩子们在这里玩得很开心。政府官员解释说,这是为了教育儿童,废物不是绝对的"废",它是可能变成有用的东西的。

人们还在小小的垃圾箱上做文章。在美国宾夕法尼亚州泽尔顿市一个风景优美的安杰拉公园里,垃圾箱被做成造型逼真

环 境

的猪、象、河马等动物形状，你把垃圾扔到它里面，它会充满感情地说："谢谢，味道好极了！我现在肚子非常饿，劳驾您再给我找一点吃的，好吗？"据公园管理人员反映，自从装上这种垃圾箱以后，公园的环境卫生大有好转，即使是游人如织的星期天也是如此，因为地上的果壳、纸片等废弃物，几乎都叫跑来跑去的孩子们拣去"喂"那些会"说话"的"动物"了。

24. 森林对环境的贡献有多大

森林为我们提供着生产和生活所必需的各种资料。估计世界上有3亿人以森林为家，靠森林谋生。

森林提供包括果子、种子、坚果、

森林

根茎、块茎、菌类等各种食物，泰国的某些林业地区，60%的粮食取自森林。森林灌木丛中的动物还给人们提供肉食和动物蛋白。

木材的用途很广，造房子，开矿山，修铁路，架桥梁，造纸，做家具，森林为数百万人提供了就业机会。其他的林产品也丰富多彩，松脂、烤胶、虫蜡、香料等，都是轻工业的原料。

我国和印度使用药用植物已有5000年的历史，今天世界上

环境

大多数的药材仍旧依靠植物和森林取得。在发达国家，1/4药品中的活性配料来自药用植物。

薪柴是一些发展中国家的主要燃料。世界上约有20亿人靠木柴和木炭做饭。像布隆迪、不丹等一些国家，90%以上的能源靠森林提供。

森林的更大价值，还在于它保护和改善了人类的生存环境。

森林调节着自然界中空气和水的循环，影响着气候的变化，保护着土壤不受风雨的侵犯，减轻环境污染给人们带来的危害。

每一棵树都是一个氧气发生器和二氧化碳吸收器。城市居民如果平均每人占有10平方米树木或25平方米草地，他们呼出的二氧化碳就有了去处，所需要的氧气也有了来源。

森林能涵养水源，在水的自然循环中发挥重要的作用。降落的雨水，一部分被树冠截留，大部分落到树下的枯枝败叶和疏松多孔的林地土壤里被蓄留起来，有的被林中植物根系吸收，有的通过蒸发返回大气。

森林能防风固沙，制止水土流失。狂风吹来，森林能够降低风速，树根又长又密，抓住土壤，不让大风吹走。大雨降落到森林里，渗入土壤深层和岩石缝隙，以地下水的形式缓缓流出，冲不走土壤。据非洲肯尼亚的记录，当年降雨量为500毫米时，农垦地的泥沙流失量是林区的100倍，放牧地的泥沙流失量是林区的3000倍。

森林还能改善环境、抗击污染。

树叶通过其上面的绒毛、分泌的黏液和油脂等，对尘粒有很强的吸附和过滤作用。每公顷森林每年能吸附50～80吨粉尘，城市绿化地带空气的含尘量一般要比非绿化地带少一半以上。

许多树木能分泌杀菌素，如松树分泌的杀菌素就能杀死白喉、痢疾、结核病的病原微生物。闹市区空气里的细菌含量，要比绿化地区多85%。

林木还能吸收噪声。一条40米宽的林带，可以降低噪声10～15分贝。

森林是如此重要，以致联合国粮农组织把"森林与生命"定为1991年世界粮食日的主题：不是以植树本身为目标，而是要表明森林如何能帮助人类实现持续发展的目标；要强调森林有持久生产力的作用，即在为后代保存资源基础的同时，满足现在生产不断发展的需求；要提醒人们认识森林不仅能提供粮食、燃料，而且具有最根本的保护环境的价值。

如果没有森林，陆地上绝大多数的生物会灭绝，绝大多数的水会流入海洋；大气中氧气会减少、二氧化碳会增加；气温会显著升高，水旱灾害会经常发生。一句话，没有森林就没有生命。

森林与人类息息相关，是人类的亲密伙伴，是全球生态系统的重要组成部分。破坏森林就是破坏人类赖以生存的自然环

环 境

境，破坏全球的生态平衡，使我们从吃的食物到呼吸的空气都受到影响。难怪一位著名的生物学家说："人类给地球造成的任何一种深重灾难，莫过于如今对森林的滥伐破坏！"